El "TIC.cero" que usted acaba de abrir se ha hecho con tecnología XML. ¿Y eso qué significa? Que tenemos preparado el libro que tiene en sus manos para convertirlo inmediatamente en un archivo sonoro para personas con discapacidades visuales, en una web o en un libro que pueda ser leído con dispositivos de tinta electrónica. Por esta razón, usted puede encontrar algún desajuste en la presentación formal de la obra.

Este es un pequeño secreto que queríamos compartir con nuestros lectores.

Arte, ciencia y tecnología

Pau Alsina

Diseño del libro y de la cubierta: Natàlia Serrano
La UOC genera este libro con tecnología XML/XSL.

Primera edición: Julio 2007

Rambla del Poblenou, 156. 08018 Barcelona
www.editorialuoc.com
Impresión: Reinbook

ISBN: 978-84-9788-608-6
Dipósito Legal: Xxxxxx

Nuestro contrato

Este libro le interesará si quiere:

- Xxxxxxx.
- Xxxxxx.
- Xxxx.
- Xxxxx.
- Xxxxx.

Índice de contenidos

Nuestro contrato 5

INTRODUCCIÓN 9

EL CONTEXTO DE LAS INTERSECCIONES ENTRE ARTE, CIENCIA Y TECNOLOGÍA 11

¿Hacia una tercera cultura? 12

Prácticas artísticas y tecnologías de la información y comunicación 22

Los nuevos agentes del circuito cultural de arte, ciencia y tecnología 30

ARTE Y TELECOMUNICACIONES 44

Arqueología del arte de las comunicaciones a distancia 44

Internet 52

ARTE E INFORMÁTICA 62

¿Realidad virtual o virtualidad real? 62

'Software art' y programación artística 66

El imaginario de la inteligencia artificial 71

¿Hacia la vida artificial?: 'a-life art' 75

ARTE Y ROBÓTICA 79

Arqueología de robots y autómatas populares 79

Fantasías ciborgs y post-humanismo 91

Del arte cinético a los robots autónomos en las artes 103

Biobots, nanobots y otras ilusiones 110

ARTE, BIOLOGÍA Y TIC 116

Interrelaciones entre arte y naturaleza 117

Biología, política, arte y cultura 123

Biomedia: biotecnología y bioinformática aplicada 130

INTRODUCCIÓN

El propósito de este libro es ofrecer una introducción panorámica a las diferentes intersecciones entre arte, ciencia y tecnología que se han visto potenciadas a raíz de la introducción de las tecnologías de la información y la comunicación (TIC) en todos los ámbitos de la sociedad. El texto se desarrollará mediante el estudio de casos de prácticas artísticas y culturales vinculadas a las tecnociencias actuales, así como el uso de breves ensayos históricos y teóricos adecuados para su interpretación.

La importancia de la Tecnociencia en nuestra sociedad ha puesto de relieve una vieja y fértil relación entre la cultura artístico-humanística y la cultura científico-tecnológica. Nos referimos al contexto marco dentro del cual hoy se entrelazan y transforman ágilmente algunas de las manifestaciones artísticas más vigentes (*a-life art, net art, videogames art, locative media art, mobile art, bio art, robotic art, software art, etc.*) y que están cambiando el mundo del arte y la cultura.

En los últimos años vemos cómo a nivel internacional se suceden prácticas artísticas, reflexiones teóricas, exposiciones, museos, festivales, conferencias, congresos o publicaciones especializadas que vienen a mostrar este fascinante dinamismo que conecta tanto con la larga tradición de la historia del arte y de los *media* como con las realidades y los sueños más animados o perturbadores del contexto de las tecnociencias o hasta incluso de la cienciaficción más especulativa.

Objetivos

- Desplegar una panorámica sobre las más relevantes intersecciones entre arte, ciencia y tecnología, con especial incidencia en las artes digitales actuales.
- Construir un contexto adecuado de interpretación de este tipo de prácticas que conecte con las largas tradiciones de la historia y teoría del arte, la historia y teoría de los media, así como los estudios e historia de ciencia i tecnología actuales.
- Analizar las formas en que el mundo del arte y la cultura contemporánea y la gestión cultural está tratando este tipo de prácticas.
- Establecer puentes de comunicación entre diferentes ámbitos de conocimiento tecnocientífico y artístico-humanista. Hacia una reflexión holística y nuevo humanismo que dé cabida a los retos actuales.

EL CONTEXTO DE LAS INTERSECCIONES ENTRE ARTE, CIENCIA Y TECNOLOGÍA

El propósito de este capítulo es en primer lugar aproximarnos a las ideas clave para la configuración de un nuevo humanismo que pueda establecer vínculos entre la cultura científico-tecnológica y la cultura artístico-humanística.

Para ello trazamos un recorrido que va desde las viejas aspiraciones de consecución de una tercera cultura puente entre las dos culturas hasta, como una estrategia de aproximación a este nuevo humanismo en construcción, centrarnos en la intersección entre las prácticas artísticas y las tecnologías de la información y la comunicación.

Finalmente, con la finalidad de dibujar el contexto en el que estas intersecciones suceden, elaboramos una cartografía de algunos de los agentes culturales que actualmente están trabajando en la intersección entre arte, ciencia y tecnología, tanto desde la vertiente de la investigación y la producción, como de su difusión en la sociedad contemporánea en diferentes partes del mundo. El recorrido obviamente es incompleto pues el objetivo de este capítulo es enmarcar y ofrecer una breve introducción a algunas de las ideas articuladoras de este nuevo contexto.

¿Hacia una tercera cultura?

Fue el 7 de mayo de 1959 cuando el científico Charles Pierce Snow pronunció su Rede Lecture en Cambridge –"The Two Cultures and the Scientific Revolution"– donde exponía la separación radical que se había producido entre los diferentes ámbitos de conocimiento: las humanidades y las ciencias. Poco después publicó un artículo en la revista *The Atlantic Monthly*, que tuvo bastante repercusión dentro la comunidad científica, y seguidamente en 1964 publicó su libro *Two Cultures and the Scientific Revolution* donde en la introducción de Stephan Collini se daba perspectiva histórica a esta separación, localizándola en el inicio del Romanticismo, al final del siglo XIX. La división entre los ámbitos del conocimiento pertenecientes a las ciencias y a las humanidades era irrevocable y se dibujaban dos culturas, cada una con un lenguaje altamente especializado que imposibilitaba las conexiones entre los diferentes ámbitos de conocimiento y, aún más difícil de conseguir, una transversalidad a la búsqueda de una visión integrada de la realidad.

C. P. Snow pretendía mostrar a la comunidad científica hasta qué punto el conocimiento se había fragmentado y continuaba haciéndolo progresivamente ensanchando la grieta en cada una de sus especializaciones forzadas, entre otras razones, por la necesidad de los currículums de las universidades y escuelas. Pero sin ánimo de magnificar el acontecimiento a la búsqueda de unos orígenes portadores del sentido último de la historia de estos desamores, y sin la pretensión de erigirlo como causa explicativa de este largo e (in)fértil debate, podríamos decir que lo que

Snow planteó entonces era algo que ya se mostraba evidente en la práctica, a saber, la separación del conocimiento en varias ramas y que él sintetizaba en dos culturas: la cultura humanística y la cultura científica.

No fue hasta su segunda edición cuando apareció un artículo nuevo "The Two Cultures, a Second Look" donde se sugería la necesidad de la emergencia de una nueva "tercera cultura" que debería cerrar esta grieta entre las dos vertientes. Hacía falta pues convocar a una aproximación entre las dos culturas, hacia una nueva tercera cultura, quizás con una cierta añoranza respecto la época del Renacimiento donde las artes, las humanidades y las ciencias eran integradas dentro un todo explicativo que personificaban figuras como Leonardo da Vinci. Fruto de esta necesidad de aproximación entre las diferentes culturas ya entonces nacieron los programas *Public Understanding of Science* en Europa y el *Scientific Literacy* en los Estados Unidos donde se produjeron estos dos movimientos políticos dirigidos a promover el conocimiento de la ciencia por parte del público en general a partir de los que se generaron muchas iniciativas destinadas a la difusión y con la voluntad de establecer estos puentes.

Pero tal y como comenta Peter Weibel, destacado teórico del Media Art más vigente, los argumentos de Snow eran argumentos *ad hominem*, es decir argumentos que utilizaban opiniones o intereses previamente aceptados por el auditorio y que a la vez se relacionan con la tesis mantenida. Ya entonces costaba bastante imaginarse un individuo con suficientes conocimientos como para moverse tranquilamente por todas las diferentes disciplinas del conocimiento, tanto la vertiente humanística como la más científica, pues la creciente complejidad lo hacía imposible del todo. Y a la vez podríamos decir que fue moderado dividiéndolo solo en dos únicas vertientes pues tanto de ciencias como de artes y humanidades hay tantas y tan diversas, con tantas subdivisiones y especializaciones, que deberíamos pensar no solamente en dos divisiones sino en bastantes más divisiones a raíz de la progresiva especialización que hace que cada vez los especialistas sepan más de menos. Ya hace tiempo que, por ejemplo, un físico especializado en física cuántica tiene dificultades para estar al día en su especialidad y a la vez participar en y comunicarse con las otras especialidades incluso dentro su disciplina base.

Así pues en esta carrera hacia el conocimiento de la realidad nos encontramos dirigidos a una necesaria hiperespecialización, es decir una especialización que se cierra en sí misma sin permitir fácilmente su integración en una problemática global o una concepción de conjunto del objeto del cual no acostumbra a considerar más que un aspecto o parte, si bien le hace falta un marco teórico en el cual ubicarlo. Y precisamente es esta hiperespecialización la que nos impide ver aquello global, que resta fragmentado en parcelas, así como aquello esencial, que acontece disuelto en la fragmentación. Ahora bien, como comenta el filósofo Edgar Morin en su libro *La mente bien ordenada*, los problemas esenciales nunca son parcelarios y los problemas globales son cada vez más esenciales. Además, los problemas particulares sólo pueden ser planteados y pensados correctamente dentro de su contexto, y el contexto mismo de estos problemas debe ser planteado cada vez más dentro del contexto planetario. Al mismo tiempo la partición de las disciplinas hace imposible captar "lo que está junto", es decir aquello complejo (según el sentido original del término).

Y es que quizás nos encontramos en una situación en la que, tal y como comenta el matemático y filósofo de la ciencia Jesús Mosterín,

> *el espejo roto de la investigación especializada debe ser recompuesto en una imagen global unitaria, si es que debe servir como marco en el que analizar y resolver nuestros problemas individuales y colectivos. La búsqueda de una cosmovisión global, por muy provisional que esta sea, es el fin último de toda investigación. Haría falta pues invocar a esta necesidad de un nuevo humanismo a la altura de nuestros tiempos, que sea capaz de hacer uso de los tesoros de la información y del conocimiento de la realidad que la ciencia nos proporciona y que a la vez sea capaz de encarar sin prejuicios los problemas y retos más actuales.*
>
> Mosterín, Jesús (2001). Ciencia Viva. Madrid: Espasa Calpe. p 54

Invocar a la consecución de una tercera cultura (¿imposible?) es avanzar en este afán nuestro para captar la complejidad inscrita en la realidad. Es aspirar a un conocimiento multidimensional pero siendo consciente de que la completud es imposible pues el pensamiento complejo está animado por una tensión permanente entre la aspiración a un saber parcelado, no dividido, no reduccionista, y el reconocimiento de lo que está inacabado e incompleto de todo conocimiento.

Es evidente que continúa habiendo reservas en contra las humanidades y las artes dentro de los círculos de la ciencia y la tecnología (como es evidente que también sucede lo mismo a la inversa). Hay que pensar en algunos ejemplos como el famoso comentario del científico Marvin Minsky sobre la cultura como "mala ciencia", o los planteamientos de John Brockman, el editor del libro *La tercera cultura* que en su página web expone que los artífices de ésta no son nadie más que los mismos científicos y que no hace falta que haya comunicación entre científicos y humanistas, a quienes llama *middle-men* (hombres vulgares).

Al mismo tiempo intervenciones como las de la polémica suscitada por Alan Sokal y Jean Bricmont en su libro *Imposturas intelectuales*, donde critican el uso erróneo de conceptos científicos por parte de diversos teóricos humanistas, aunque justificada en algún caso, no tiene en cuenta la promiscuidad que históricamente han mostrado los conceptos y las prácticas científicas, particularmente evidente en la obra de científicos como Albert Einsten o Niels Bohr, y al mismo tiempo no ayudan en absoluto a establecer estos deseados puentes de comunicación. Sobre todo es significativo si tenemos en cuenta de qué manera el libro *Imposturas intelectuales* se ha extendido y en cambio su contraréplica hecha por Badouin Jurdant donde se reconocían algunos de los usos incorrectos de conceptos científicos, pero donde también se criticaba la lectura absolutamente descontextualizada y superficial de algunos pasajes por parte de Sokal y Bricmont, no ha tenido casi ninguna resonancia y hasta hace bien poco no se tradujo y pudo obtener una mínima difusión.

La transdiciplinariedad se convierte pues en producto de una visión dialógica de procesos interconectados donde las diferentes formas de conocimiento se contaminan, fusionan, influyen e hibridan unas con las otras proyectando un fértil tapiz irregular donde el arte, como una forma de construcción social de la realidad que conecta con los imaginarios colectivos, se hace resonancia transformándose en desplazamientos más allá de las formas que tradicionalmente lo han organizado y aventurándose hacia paisajes híbridos, nuevos territorios aún por codificar bajo la etiqueta de aquello "nuevo" que configura nuestra experiencia consciente.

Si bien a lo largo de la historia encontramos bastantes ejemplos de humanistas, ingenieros, artistas y científicos que han construido los puentes que nos permiten conectar las artes y las humanidades con las ciencias, es hoy, a raíz de las tecnologías avanzadas de información y comunicación como agentes aceleradores del cambio y la transformación, que los vínculos se refuerzan significativamente, materializando en nuevas formas culturales el impacto social producido por la ciencia y la tecnología al transformar nuestra manera de ver y vivir el mundo.

El desarrollo e implantación de las tecnologías de la información y comunicación en todos los ámbitos de la sociedad ha propiciado cambios altamente significativos en las diferentes esferas de lo humano. Todo ello ha llevado a denominar nuestra época como la era de la "Sociedad de la información y del conocimiento", o incluso más recientemente, la era de la "Sociedad red" (Castells, 2001).

No obstante, en general, las humanidades a menudo sólo se han preocupado por el impacto de las tecnologías en la sociedad desde una perspectiva en la que parece como si la sociedad y la tecnología se concibieran como entidades separadas. Desde esta perspectiva términos como cibercultura, cibersociedad, realidad virtual, inteligencia artificial, comunidad virtual, parecerían entenderse como si no tuvieran que ver con la construcción de nuestra sociedad, la generación de comunidades, la configuración de la realidad o la concepción de aquello que entendemos por inteligencia para convertirse en términos de un "mundo paralelo" que transcurre ajeno al devenir de "nuestro mundo".

Pero lo que sucede en internet y en los últimos avances tecnológicos no es un "mundo paralelo" y penetra en la sociedad de manera cada vez más profunda, catalizando la emergencia de nuevas formas de hacer, de sentir o de pensar. La tecnología en sí no impacta en el medio social como un factor externo caído del cielo, determinando lo social de forma fatalista y unidireccional. Más bien al contrario, deberíamos entender la innovación tecnológica como un factor endógeno del proceso social, pues tecnología y sociedad se coproducen simultáneamente (Latour, 2005). Esta afirmación se debe entender en el sentido que nuestra interacción suele estar enmarcada o contextualizada por elementos extrasomáticos que tienen la propiedad de tornarla repetitiva y asentarla en la forma de "lo social". No podemos dejar de obviar que los contextos de nuestra interacción están constituidos por datos, lugares, artefactos, símbolos, personas ausentes pero presentes simbólicamente a través de elementos varios. Por ejemplo la bata blanca en un hospital nos predispone a una cierta actitud más atenta y respetuosa hacia quien la lleva. Debemos tener en cuenta que los elementos que componen lo social son de una gran variedad y el lazo social se caracteriza por detentar propiedades extrasociales y completamente heterogéneas (Tirado, Doménech, 2005).

En otras palabras, lo social no es lo que nos sostiene juntos o mantiene unidos, sino todo lo contrario, lo social es lo que es sostenido y por lo tanto lo que debe ser mantenido. De esta forma podemos entender la tecnología como la sociedad hecha para que dure, y de ahí la idoneidad de la afirmación de la existencia de una auténtica coproducción entre tecnología y sociedad. En este sentido, la metáfora que mejor describe la relación entre tecnología y sociedad que algunos autores como Bruno Latour, Michel Callon y John Law intentan defender es la del "tejido sin costuras".

Esta metáfora implica, fundamentalmente, dos cosas:

> *Por un lado, que no es posible caracterizar* a priori *y fuera de contexto un problema como social o como técnico aisladamente. En principio, es difícil que pueda afirmarse categóricamente que la solución a un problema deba ser únicamente política, tecnológica, económica, etc. La distribución de competencias es, más bien, el efecto de los proyectos sociotécnicos que no su causa. Por otro lado, de la misma manera que no podemos decir que existen* a priori *unos elementos puramente técnicos, tampoco tendría sentido que pudiéramos hablar de entidades puramente sociales, desconectadas de su materialidad tecnológica. Así toda relación social se halla mediada por artefactos o elementos no humanos que intervienen decisivamente en la relación –pese a que este extremo haya sido completamente olvidado por los científicos sociales al uso. Lo tecnológico está socialmente construido en la misma medida que lo social está tecnológicamente configurado. Como se ha dicho alguna vez las relaciones puramente sociales sólo existen, como mucho, en las playas nudistas, mientras que las relaciones puramente tecnológicas sólo pueden encontrarse en los relatos de ciencia ficción.*

TIRADO, Francisco. DOMÉNECH, Miquel. (2005) "Asociaciones heterogéneas y actantes: El giro postsocial de la teoría del actor-red". en *AIBR. Revista de Antropología Iberoamericana, Ed. Electrónica.* Núm. especial Noviembre-Diciembre, 2005. Madrid: Antropólogos Iberoamericanos en Red. ISSN: 1578-9705

A su vez, el asombroso dinamismo que toman los usos populares de las TIC y especialmente internet generan cambios significativos en el ámbito del consumo y producción cultural, en donde el usuario se vuelve también en coproductor, o productor, superando la unidireccionalidad tradicional de los medios de comunicación. La segunda oleada de internet, la Web 2.0, supone un cambio en la concepción y los usos de las TIC que ahora son incorporadas de una manera mucho más dinámica en donde el usuario toma el control progresivamente. Después de la revolución que supone la proliferación de los sistemas *peer to peer*, espacios web como Youtube, Myspace, Orkut, Friendster, o herramientas como los blogs, los wikis y sus aliados como bloglines o la inmensa Wikipedia en incesante creación colectiva representan el espíritu de esta llamada "web de la gente".

Ahora hace falta que unas humanidades que impulsen el desarrollo, los grupos de usuarios, los nuevos movimientos sociales, las ONG, los artistas y los críticos ubicados en el centro del desarrollo de internet hagan posible una implementación de nuevas combinaciones creativas críticas. Internet y el uso intensivo de las TIC no deberían reducirse sólo a la creación de contenidos. Por ello se hace necesaria la existencia y proliferación de prácticas críticas preparadas para mediar e intervenir en el debate económico, político y tecnológico que definen internet y el resto de las TIC (Lovink, 2002).

Uno de los pasos importantes en este proceso es el reconocimiento de la importancia de las artes y la cultura en el contexto de las TIC y la implementación de una política cultural de los nuevos medios que vaya más allá del dar acceso a estos mediante la instalación de algunas pocas terminales, ubicar unos cuantos ordenadores dentro de los museos o digitalizar el patrimonio cultural. Lo que se hace necesario es tomar conciencia y aceptar que estamos viviendo de lleno en una cultura tecnológica, o mejor todavía, que la cultura científica y tecnológica forma parte integral de nuestra cultura en tanto en cuanto afecta nuestra manera de explicarnos a nosotros mismos y ver el mundo así como de vivir en el mundo y relacionarnos con todo aquello que nos rodea.

El destacado papel de las artes como vehiculadoras de este espacio de comunicación e integración entre la cultura humanística y la cultura científico-tecnológica es la razón por la que, enfrascados en esta tarea de actualizar el ideal de humanismo renacentista, en los próximos capítulos estudiaremos diferentes estudios de caso. Un humanismo que incorpore tanto la cultura artístico-humanista como la cultura científico-tecnológica, así como a su vez establezca vinculaciones transversales entre lo que ha venido a llamarse como "alta cultura", con la investigación e innovación puntera por un lado, y por el otro la cultura popular, que a su vez también innova en sus prácticas creativas de consumo y producción amateur, semiprofesional o profesional.

Prácticas artísticas y tecnologías de la información y la comunicación

Como estrategia de aproximación a este nuevo humanismo en construcción, podríamos centrarnos en la intersección entre las prácticas artísticas y las tecnologías de la información y la comunicación, poniéndolas en relación con la historia del arte así como con la historia de los *media*. De alguna manera, si bien siempre ha habido una interrelación e influencia entre las artes, las ciencias y las tecnologías, la potenciación de los vínculos se produce especialmente durante la modernidad, sobre todo en el período de las vanguardias artísticas. A principios del siglo XX la creciente interconexión entre disciplinas también tiene su equivalente en las artes, que fomentan el experimentalismo a través de la fusión e hibridación de las diferentes artes junto con otras disciplinas procedentes de otros ámbitos de conocimiento.

Hoy se hace necesario aunar diferentes perspectivas que se tornan en complementarias e imprescindibles para entender las prácticas referidas, a saber: por un lado la historia del arte y sus devaneos en torno a la participación del espectador en la obra y el contexto social que la acoge, por otro la historia de los *media* y su rápida implantación en todos los ámbitos de la sociedad y finalmente, la historia de la tecnología, su fusión con los *media* y coproducción con lo social.

Esta aproximación diversa a un mismo objeto de estudio nos lleva a su vez a focalizarnos en la interrelación entre los diferentes ámbitos de conocimiento que intervienen en el análisis. Una interrelación que va más allá de las voluntades surgidas desde las posiciones academicistas o meramente intelectuales que apuestan desde la distancia por lo que se denominó como "tercera cultura". Aunque quizás hoy no se trate tanto de convocar a una "tercera cultura", fusión de la cultura artístico-humanista y la científico-tecnológica que en su día promulgó *ad hominem* Charles Pierce Snow, sino más bien de certificar la correlación de estas perspectivas complementarias *de facto*.

Para superar la herencia de esta visión divergente, tal como comenta el ingeniero y artista Gerfried Stocker, bastaría encomendarse a la realidad de una nueva cultura popular basada en el uso cotidiano de las tecnologías de la información y la comunicación, que está acostumbrada a un uso sin prejuicios de los ordenadores, internet y la cultura del *"do it yourself"* (hazlo tú mismo), que desconoce estas divergencias de los años 60 y que gracias a las TIC hoy las percibe como unidas con total naturalidad. Estos son los auténticos agentes que hoy espolean la transformación en marcha, un enjambre de agentes de diversa índole que expresan este dinamismo de la revolución digital y que, a la vez, no dejan de llevar a cabo una crítica sociopolítica desde nuevos modos de acción y organización desvinculados de los modelos tradicionales. Son agentes desprovistos de las habituales necesidades de legitimación o acreditación por parte de las instituciones artísticas, políticas y culturales, que perciben internet no como un medio más de comunicación sino como un reinado social y cultural dónde toman parte activa no solamente diseñando el envoltorio de la pantalla y el diseño web sino que también intervienen en la configuración de los modos de acceso y funcionalidad, o la estructuración de los modos de acción, que a la vez devienen campos de subjectivación (Stocker, 2001).

Deberíamos entender las técnicas y las tecnologías empleadas en las artes como dinámica creativa antes que simples estructuras repetitivas, y huir del rechazo de las técnicas como meros procedimientos instrumentales, afirmando los procesos operativos como campo de investigación autosuficiente y, según como, final. Las técnicas y las tecnologías utilizadas son relevantes porque generan las "formas" del arte que no pueden dejar de estar atadas a su materialidad sujeta a una técnica de ejecución. Una técnica es expresión significativa de una sociedad y por esto determinante para estas prácticas. De hecho esta relación con las artes siempre ha sido básica, dando lugar a técnicas como las propias de la figuración tridimensional (escultura, glíptica, cerámica, vidrio, metales, esmaltes, ebanistería), o la figuración plana (dibujo, grabado y estampación, pintura, mosaico, incrustación, cristalera o tejidos) y por supuesto continúa existiendo ahora con las tecnologías actuales en uso.

En el siglo XX la electricidad y la electrónica entran en escena de forma fulgurante. Después la cibernética, que bebe de la teoría de la información, se fusiona con la electrónica haciendo posible llegar a los modernos ordenadores digitales. Con la llegada de la digitalización y la telemática las relaciones entre arte, ciencia y tecnología se hacen más ricas y complejas. Y es que a lo largo de la historia vemos cómo van apareciendo tecnologías y teorías científicas que cambian la visión del mundo e influencian a las artes y la cultura, precisamente porque son parte de la cultura que afecta nuestro vivir en el mundo. La biología, la física, la química, las matemáticas, la robótica la electrónica, las telecomunicaciones, la informática etc, hacen posible que aparezcan nuevas maneras de ver y de estar en el mundo, y nos explican tanto aquello que nos rodea como también nos rodean de artefactos y medios como por ejemplo la fotografía, el cine, el vídeo, el ordenador o los sistemas de telecomunicación como el correo, el teléfono, los móviles, la televisión o internet.

En la Grecia clásica el término *tekné*, así como el término *ars* en la época medieval, hacían referencia a la fusión entre artes y técnicas, entendido como artes aplicadas que se basan en una habilidad para construir objetos siguiendo unas reglas y un orden establecido. Es decir, la *tekné* se hacía conforme a la *poiesis* o razón técnica, supeditada a los cánones, a la *theorei* o razón contemplativa, y a la *praxis* o razón deliberativa. Por lo tanto la *tekné* era considerada aplicación obediente al margen de una posible creatividad que se aproximaría más a lo que hoy entendemos como una de las propiedades intrínsecas de eso que denominamos artes.

Hasta llegar al período de la Ilustración las propiedades estéticas fueron propiedades reglamentadas que debían seguir los cánones de belleza, los ideales de narratividad histórica y proporción establecida. El arte clasicista occidental debía explicar historias a través de las imágenes y por ello se basaba en el peso narrativo de la obra, que debía satisfacer la demanda de un significado que, aún hoy, no cesamos de buscar. Durante el Renacimiento tuvo lugar la época dorada de la interrelación entre artes, ciencias y las diferentes tecnologías del momento. Personajes como Leonardo da Vinci, Leon Battista Alberti o Taulencio de Sion son claros ejemplos de hibridación entre artistas e ingenieros y en sus obras artísticas, o en sus ideas, podemos ver esta fusión o intercomunicación de estos diferentes ámbitos de conocimiento.

Más adelante la modernidad trae consigo el pensamiento estético subjetivista que provoca cambios importantes en las artes que ahora se ven orientadas a la consecución de los ideales de modernidad, representación de la actualidad, libertad o creatividad del sujeto y significancia social de las creaciones artísticas. Deja de ser obligatorio el seguir los estrictos cánones de belleza, la narratividad basada en la historia tradicional hecha de mitos y referencias religiosas, y libera al creador dotándole de nuevas posibilidades artísticas. Todo ello desemboca en una pluralidad de enfoques artísticos que a su vez da pie a un cierto relativismo estético en tanto en cuanto los ideales a seguir no son unívocos sino que son diversos. La belleza y el gusto no son los únicos criterios válidos desde una supuesta objetividad y lo estético no aspira a ser definido de un modo absoluto cerrado tal como Gotthold Ephraim Lessing y Friedrich Schiller comienzan a teorizar en sus respectivas épocas.

Las vanguardias artísticas a principios del siglo XX representan la eclosión de estas nuevas propiedades estéticas que aporta la modernidad. Se suceden las experimentaciones, el intermedialismo, la interdisciplinariedad donde nace un arte no figurativo y abstracto que ya no busca la representación fiel de la naturaleza, ni la narratividad, ni una belleza objetiva, pero en cambio sí que apuesta por la libertad creativa, la vinculación con la actualidad de lo que sucede en el mundo, las percepciones e intuiciones subjetivas o la voluntad de una clara incidencia en la sociedad en tanto en cuanto se va centrando en su cualidad principalmente exhibitiva.

Por eso hoy es habitual, para muchos espectadores, sentir un cierto desconcierto frente al arte contemporáneo en tanto en cuanto se repudian dos de los pilares fundamentales de la tradición artística, es decir, la historia oficial y los cánones de belleza. El espectador queda confundido cuando no entiende lo que se representa (en el caso que se represente algo) y cuando no se responde formalmente a un orden objetivo, en el sentido tradicional de ordenación matemática medible como sucede en la perspectiva, proporción simetría o armonía.

Pero la creciente interdisciplinariedad y transdisciplinariedad donde confluyen diferentes ámbitos de conocimiento transforman las prácticas creativas experimentales que contribuyen a cumplir las funciones de configurar la construcción que nos hacemos de la realidad. Ello significa que estos cambios nos conducen a su vez, como en diferentes épocas a lo largo de la historia, a un proceso de transformación de los paradigmas estéticos que trastoca los modelos de recepción, exhibición, distribución, mantenimiento, financiación y validación del arte. Y en esta transformación la creciente presencia e influencia de las tecnologías de la información y la comunicación en la cultura, las artes y la sociedad tiene un papel muy importante.

Con la llegada de las TIC se introducen nuevas posibilidades que permiten hacer participar al espectador en la construcción de la obra en sí e incorporarlo como interactor, es decir, en acción e influencia recíproca directa con el proceso artístico. Pasamos pues de la estética de la recepción basada en la contemplación, a la estética de la interactividad, donde el interactor forma parte esencial del proceso artístico, sin el cual éste no tendría lugar (Giannetti, 2002).

Desde la modernidad una de las funciones clave del arte es su intervención en sociedad, su voluntad de actualidad y ejercicio de la crítica para la configuración de lo real. Desde este punto de vista el ideal de aproximación del arte a la vida es una de las consignas más propugnadas por parte de los artistas dada la voluntad de incidencia de sus obras en la realidad. El arte como creación libre reflexiona sobre la experiencia del sujeto en el mundo y explica el entorno donde obra y sujeto conviven. Y tal como sostiene el filósofo de los medios Vilém Flusser el arte se basa en el dialogo con otros sujetos y se construye como comunicación. El arte asume el propósito de transformar el mundo como dilatación de nuestras realidades (conocimientos, experiencias, sensaciones, percepciones) y por ello, como forma de comunicación se inscribe en el dominio del conocimiento.

En esta línea de la búsqueda de la participación del observador o espectador en la creación de los procesos artísticos se inscribe una nueva corriente estética influenciada por la teoría de la información de Claude Shannon y la cibernética de Norbert Viener que concibe la información como la clave para la comprensión de los procesos estéticos. Desde esta influencia el espectador ya no se concibe como el perceptor pasivo sino que la percepción está en el centro de la práctica estética hacia una estética cibernética donde se producen sistemas interactivos que propician una especie de comunicación estética entre el público y el programa, una especie de juego que puede ser llevado a término mediante pantallas, proyecciones y otros medios (Giannetti, 2002).

Ya en los años 1970 encontramos interesantes ejemplos considerados pioneros en este campo como los proyectos de Nicolas Schoffer en Francia, o Nam June Paik en Alemania y Estados Unidos. También Ben Laposki, Peter Scheffler, Cal Comp, John Withney, Frieder Nake, o Manuel Barbadillo, José Maria Yturralde o Eusebio Sempere en España, todos ellos representantes de lo que vino a denominarse como *computer art*, que se basaba en el uso de algoritmos para la creación mediante computadoras a fin de lograr la interacción entre observador y obra y la autogeneración de esta. Fueron los primeros tiempos de experimentación con ordenadores y de búsqueda de las posibilidades de interacción que aportan.

Las artes, entendidas ya no solo como creadoras de objetos exhibitivos sino también como generadoras de comportamientos, de situaciones a partir de las cuales es posible generar nuevas formas de relacionarse con el mundo y la realidad, buscan también establecer esos espacios de comunicación entre hombre, máquina y sociedad generando nuevas interfaces como elementos de conexión que facilitan el intercambio de datos. Desde las artes se genera no obstante un uso insólito de las interfaces, sobrepasando el límite de las aplicaciones meramente tecnológicas, porque las tecnologías de la información también ayudan a entender la propia vida, el conocimiento, el cerebro humano, el cómo aprendemos, pensamos y sentimos. Y es precisamente esto, y no únicamente la potencia de la tecnología, lo que a su vez puede provocar el cambio de nuestras ciencias y humanidades.

Por ello la experimentación artística con interfaces de comunicación entre hombre y máquina proviene del interés del arte por generar comportamientos y pasar de la concepción del arte como objeto a contemplar a la de ser entendido como proceso con el que interactuar. Esta interacción sobre la base de la interfaz hombre-máquina marca pues un cambio cualitativo de las formas de comunicación haciendo énfasis en la participación intuitiva mediante la visualización y percepción sensorial o la inmersión y traspasando el ámbito textual con estructuras narrativas logocéntricas hacia una cultura visual, sensorial y a menudo, obviamente, en el contexto del espacio virtual en el que se halla.

Desde esta posición muchos artistas-ingenieros, o también llamados "ingenieros de la experiencia", generan entornos interactivos aplicando técnicas de realidad virtual, vida artificial o inteligencia artificial y desarrollando instalaciones interactivas o espacios virtuales donde las interfaces devienen extensiones de su propio sistema más que sólo vehículos de intercomunicación entre hombre y máquina. En los sistemas artificiales la interactividad proporciona al interactor la sensación de expansión de su universo cognitivo y de sus capacidades sensomotoras. A su vez los datos digitales permiten la variabilidad y manipulación de los parámetros de información que constituyen la representación.

Los nuevos agentes del circuito cultural de arte, ciencia y tecnología

El propósito de este apartado es realizar un breve recorrido por el contexto en el que estas intersecciones entre diferentes ámbitos de conocimiento suceden. Para ello elaboramos una cartografía de algunos de los agentes culturales que actualmente están trabajando en la intersección entre arte, ciencia y tecnología (ACT), tanto desde la vertiente de la investigación y producción, como de su difusión en la sociedad contemporánea en diferentes partes del mundo. A continuación realizaremos una descripción, análisis y comentarios respecto algunos de los espacios más relevantes tanto a nivel internacional como a nivel estatal.

Espacios ACT internacionales más relevantes

En primer lugar debemos destacar el Zentrum für Kunst und Medientekhnologie (ZKM), ubicado en Karlsruhe, Alemania. El Centro de Arte y Media fue creado en el año 1997 con el objetivo de realizar un giro hacia la creación, los nuevos medios y las TIC en una zona de Alemania altamente industrializada. Indiscutiblemente hoy es el espacio de referencia internacional. Consta de cinco institutos dedicados a la investigación básica y aplicada, medios visuales, sonoros, redes y otras. A la vez consta de un Museo de Arte Contemporáneo donde mantienen su colección y archivo y ubican sus exposiciones referentes del sector a nivel internacional (*Net Condition, Ctrl Space, Future Cine, Iconoclash, Making things public*). Su modelo es único en el mundo pues integra todos los ámbitos del sistema:

Formación > investigación y desarrollo > producción > colección > archivo > presentación

Factores clave de su éxito han sido el tener un director especialmente relevante (Peter Weibel) capaz de liderar el proyecto internacionalmente y rodearse de un equipo excelente y un presupuesto realmente importante (un total de 30,1 millones de euros: 24 millones de euros para el centro + 6,1 millones para el museo), la mayoría financiado por administraciones locales y regionales. Es un caso excepcional.

Por otro lado está el Ars Electronica Futurelab ubicado en Linz, Austria. El Laboratorio fue creado en el año 1996 a partir del Festival Ars Electronica de Linz, inicialmente para crear las piezas encargadas por el festival (desde 1979 ha sido el más importante del mundo en este ámbito, donde toda la comunidad internacional se encuentra cada año) y por el museo ubicado al Ars Electronica Centre. Financiado por el gobierno regional y local, el Futurelab progresivamente ha ido desarrollando cada vez más proyectos vinculados a la industria, mezclando de esta manera desarrollos puramente artísticos y otros industriales, en la línea del talante de centros como el MIT Medialab que desdibuja la división entre arte y diseño, creación experimental e industria.

Así, pivotando más sobre la relación con la industria, en Boston, Estados Unidos, se encuentra el MIT Medialab. Empezó sus actividades en 1985 dentro del prestigioso Massachussets Institute of Technology con el objetivo de explorar la intersección entre las ciencias informáticas y las artes mediante la investigación básica y aplicada. El Medialab depende económicamente de la industria y de las corporaciones asociadas, y los artistas que trabajan están al servicio de los objetivos industriales del Lab (no al revés). No obstante progresivamente se ha ido estableciendo una mayor presencia de motivaciones meramente artísticas como espacio experimental. No buscan ser un espacio de producción artística sino un espacio de investigación en computación motivado por cuestiones estéticas que permiten innovar culturalmente y apostar por la calidad. De rebote algunas de las producciones de sus artistas-ingenieros han devenido muy relevantes en círculos artísticos. El MIT Medialab creó una sede en Europa (Dublín) que dio buenos resultados pero cerró en 2005 por dificultades con su modelo de financiación en Europa.

Con un modelo bastante diferente, más implicado en promover la reflexión cultural o la creación de contenidos vinculados a las TIC, encontramos el Banff New Media Institute (BNMI) ubicado en las montañas de Alberta, Canadá. Creado en 1988, está situado en un entorno rural, basado en residencias de investigadores para el desarrollo de su investigación. Está enfocado al trabajo interdisciplinario y al establecimiento de puentes entre varias disciplinas de las ciencias sociales, humanidades, ingenierías o ciencias experimentales. Realizan una intensa tarea de formación a través de seminarios, conferencias, y a la vez tienen artistas en residencia trabajando. Cuentan con el liderazgo de Sara Diamond y se basan en la financiación de agencias locales y regionales pero estableciendo acuerdos con corporaciones de las industrias creativas. En el año 2005 celebraron el primer congreso internacional que permitió reunir en todo el sector del Arte de los Nuevos Medios vinculados a la investigación teórica.

Pero al margen de los modelos estrella de centros de producción, también podemos encontrar programas que permiten agilizar la producción e investigación mediante la cooperación con laboratorios científicos ya existentes. Por ejemplo, el programa Artists in Labs en Zuric, Suiza, es un innovador programa con un modelo de funcionamiento distribuido creado en 2003 bajo la dirección de la artista Jill Scott y la financiación de la KTI/CTI, el Ministerio suizo de Innovación y Tecnología para promover la investigación interdisciplinaria. El objetivo del programa es la producción artística y la innovación tecnocientífica mediante la incorporación de artistas en laboratorios suizos especializados en búsqueda científica y tecnológica. Se busca generar nuevos niveles de creatividad, innovación y comunicación que resulten provechosos tanto para los artistas como para los científicos en la búsqueda de nuevas formas de trabajo. Es un proyecto que está causando mucho interés dentro de la comunidad internacional dada su solidez conceptual centrada en los procesos de trabajo entre artistas, científicos y tecnólogos. Se ha asociado como nodo de la red del Planetary Collegium, el más importante programa de doctorado en arte, ciencia y tecnología dirigido por el prestigioso artista y teórico inglés Roy Ascott.

También más allá de las TIC encontramos proyectos que exploran los terrenos de las biotecnologías como contexto de creación. Es el caso de SymbioticA Lab, en Perth, Australia. Es un proyecto pionero que desde el año 2002 está centrado en la exploración artística del cruce entre biología y las TIC mediante la inclusión de artistas en residencia dentro de laboratorios científicos. Pertenece a la School of Anatomy & Human Biology dentro de la University of Western Australia, y está abierto tanto a artistas como a académicos de todas las disciplinas dispuestos a desarrollar investigaciones interdisciplinares. A nivel internacional últimamente se ha incrementado notablemente el número de proyectos artísticos vinculados a la biología, y las biotecnologías más concretamente, y es una tendencia a tener en cuenta.

A su vez, desde un contexto más académico, nos encontramos con el Media Arts and Research Studies (MARS) Lab en Bonn, Alemania. Ubicado dentro del

Fraunhofer Institute for Media Communication (IMK), fue fundado en el año 1997 por los artistas-ingenieros Monika Fleischmann y Wolfgang Strauss y desde entonces ha realizado importantes proyectos artísticos con TIC asociados a la Mixed Reality así como también ha desarrollado interfaces innovadoras, trabajando en equipos interdisciplinarios. Trabajan en la construcción de redes de investigación de TIC en Alemania a través de su proyecto estrella *netzspannung.org* y disfrutan de un contexto (IMK) especialmente relevante para conseguir sus propósitos vinculados a la investigación académica en conexión con su contexto cultural.

Pero haría falta tener en cuenta otros centros referentes, con modelos de funcionamiento muy diferentes en cada caso y con diferentes tendencias (hacia la investigación y producción artística o innovación tecnocientífica, o la difusión de actividades culturales). Por ejemplo en Europa encontramos la V2 Organization (Institute for the Unstable Media) en Rotterdam, Holanda, que nació en 1981 y tiene un modelo muy dinámico y ágil que se ha focalizado en la relación entre *media*, arte y activismo político, con una incesante actividad cultural. También haría falta tener en cuenta CITU, la federación de centros de producción de las Universidades París 1 y París 8, asociados para compartir recursos y promover la transdisciplinariedad, considerando de esta manera la creación como una forma dinámica de investigación: una apuesta sostenible para la investigación artística vinculada a la academia. Otros centros destacados son el Instituto Für Neue Medien en Frankfurt y el C3 Center for Culture and Communication en Budapest fundado en 1996 y financiado por la Soros Foundation y que ha permitido la generación de un fértil entramado de interacciones en la Europa del Este, con modelos de labs y actividades muy ágiles.

En Estados Unidos básicamente todos los centros de producción están vinculados a universidades. Los espacios dedicados a la producción e investigación artística más importantes del país (tras la controvertida relación con los artistas dentro del MIT) son los asociados a la Universidad de California con la red UC Digital Arts Research Network (UC DARNet), el Center for Information Technology Research in the Interest of Society (CITRIS), el Center for Research in Computing and the Arts (CRCA), el California Institute of Information Technology and Telecommunications (CAL-(IT)^2), y el Digital Cultures Project, que a la vez establece relaciones con los laboratorios de la University of Southern California. En la Costa este encontramos el Harvestworks Digital Media Arts Center en Nueva York que cuenta con una larga trayectoria de becas y residencias para el desarrollo de proyectos de investigación artística.

En Canadá, en el ámbito de investigación teórica, destaca la Escuela de Comunicaciones de la Universidad de Toronto, a través del Programa McLuhan en cultura y tecnología. Son altamente relevantes los programas de producción artística del Canadian Council for the Arts y su sección Media Arts, junto con las ayudas a la producción teórica y documentación de la Fondation Daniel Langlois pour l'Art, la Science et la Technologie de Montreal. Es especialmente relevante el centro de producción de *media art* de la Society for Arts and Technology (SAT), un modelo basado en la relación con las industrias creativas. Canadá es referente internacional en políticas artísticas vinculadas al *media art*, y cuenta con importantes centros y programas de producción.

En el continente asiático encontramos centros como el NTT InterComunication Center (ICC) con financiación privada de la corporación NTT, en Tokyo, que es considerado el más relevante, aunque actualmente está en proceso de cierre dada la gran competencia de otras iniciativas públicas en el Japón. El Institute for Advanced Media Arts and Sciences (IAMAS) en Gifu, y el Media Information Media Information Science Laboratories dentro del Advanced Telecommunications Research Institute (ATR), en Kyoto, se centran en la investigación y producción desde la interdisciplinariedad y la investigación colaborativa. En Singapur hay iniciativas vinculadas a las industrias creativas que van tomando cada vez más relevancia como el Mixed Reality Lab de la Universidad Nacional de Singapur.

Espacios ACT estatales más relevantes

En el Estado español encontramos algunas iniciativas dispersas a lo largo del territorio que progresivamente se están articulando en red entre ellas y a nivel internacional. Las más destacadas son algunas como el MediaLabMadrid ubicado en Madrid. Nació en 2002, está ubicado en el Centro Conde Duque y está financiado por el Ayuntamiento de Madrid. Desde sus inicios se ha centrado en un planteamiento bastante abierto alrededor de Arte, Ciencia y Tecnología que ha sido clave en su desarrollo, dedicándose tanto a la formación como a la búsqueda, producción y difusión dentro del sector. Ha organizado las más relevantes conferencias, seminarios, festivales y exposiciones en el Estado. A la vez, partiendo de una situación sin demasiados recursos iniciales, ha ido tejiendo una red de colaboradores, colectivos o instituciones asociadas con una gran capacidad de articulación dinámica. En un contexto donde en principio no había demasiado tejido asociativo del sector, ha sido capaz de articular uno estableciendo alianzas con industrias y universidades, administraciones e instituciones museísticas nacionales e internacionales como el ZKM o el Ars Electronica Center. Hoy es una referencia en el Estado y en el contexto internacional. Buena parte del mérito de su lento y sostenido camino hacia la consecución de una experiencia de éxito se debe al sabio liderazgo de sus directores Karin Ohlenschläger y Luis Rico. Recientemente el centro se está reubicando dentro del contexto del nuevo proyecto Intermediae del ayuntamiento de Madrid.

Por otro lado, en un contexto académico, encontramos el Laboratorio de la Luz en Valencia, que se creó en 1990 dentro la Universidad Politécnica de Valencia, en la Facultad de Bellas Artes. Es el espacio de producción e investigación artística vinculada a tecnologías digitales asociado al entorno académico más relevante del Estado. Ha obtenido varios proyectos de I+D, producciones artísticas y el 25% de tesis doctorales del sector. Se articula en redes internacionales (Singapur, MIT) y últimamente ha organizado el congreso ACE2005 SIGCHI de prestigio internacional. Tiene varias líneas de investigación bastante relevantes y la articulación formación-investigación-producción es de las más sólidas del Estado.

Otro espacio académico de referencia es el Institut Universitari de l'Audiovisual (IUA) en Barcelona, creado en 1994 dentro de la Universitat Pompeu Fabra. Si bien ha estado más enfocado a la creación dentro del ámbito sonoro, con el Music Technology Group, últimamente la articulación de grupos de investigación como el Grupo de Experimentación en Comunicación Interactiva, con proyectos europeos como Mediate, han ido consolidando una vertiente más artística y próxima al mundo del audiovisual experimental. Está básicamente orientado a la investigación aplicada (aplicaciones interactivas) dentro del entorno académico.

El Museo Internacional de Electrografía (MIDE) de Cuenca fue creado en 1989 bajo el liderazgo del catedrático José Ramón Alcalá como proyecto pionero en el Estado. Es un Museo-Centro de Investigación dependiente del Instituto de la Comunicación Audiovisual (ICA) de la Universidad de Castilla-La Mancha (UCLM), pero con presupuesto propio, funcionamiento autónomo y personal de diferentes departamentos de la UCLM. Ha formado a muchos de los artistas de *media art* del Estado. Hace formación, investigación, producción y difusión y cuenta con una extensa red de convenios con entidades nacionales e internacionales relevantes. Está orientado a investigación aplicada, diseño digital, museografía y patrimonio digital.

En el Estado también encontramos programas como Divergentes en el País Vasco llevado a cabo en 2005. Es un interesante programa para la producción artística que busca poner en relación la creatividad artística y la innovación tecnológica desarrollando un diálogo entre empresas tecnológicas, creatividad artística y sociedad. Está financiado principalmente por la Diputación Foral de Guipúzcoa y el promotor ha sido el Grupo Xabide de gestión de proyectos culturales. Se articula mediante la incorporación de artistas en residencia dentro de centros de investigación tecnológicos y empresas innovadoras del País Vasco para producir obras artísticas con los conceptos, procesos y tecnologías asociadas. Es una iniciativa inédita en el Estado dada la vinculación de empresas, administraciones e instituciones artísticas asociadas, y a la vez muy interesante dada la solidez conceptual de la propuesta (similar al proyecto Artists in Labs en Suiza).

Por otro lado, es especialmente relevante la labor de La Mediateca de la Fundación La Caixa, en Barcelona, que fue creada en 1994 como centro de documentación audiovisual y con el tiempo ha ido especializándose en arte contemporáneo y *media art*. Ha hecho una tarea de formación y generación de tejido comunitario en Barcelona y en el Estado muy importante. Desde 2002 lleva a cabo un programa de ayudas a la producción artística. Está orientada a la difusión, generación de archivos y espacio de documentación, pero a la vez da ayudas para la producción teórica y artística que han sido claves en el sector.

En Donostia encontramos el centro Arteleku, que fue creado en 1987 y es un centro de producción artística que depende de la Dirección General de Cultura de la Diputación Foral de Guipúzcoa. Es una muy buena práctica que acoge propuestas interdisciplinarias teóricas y prácticas y ofrece cursos monográficos y talleres técnicos, así como seminarios teóricos. No está directamente enfocado a arte vinculado a las TIC pero siempre ha incluido esta vertiente dentro de actividades y ha sido uno de los espacios más sensibles por el sector en el Estado. Tiene una muy interesante red de relaciones y convenios de colaboración con entidades nacionales e internacionales y ha llevado a término destacados proyectos en colaboración con otras entidades, como por ejemplo el Programa Arte y Pensamiento.

El centro Hangar en Barcelona fue creado en 1997 como centro de producción promovido por la Asociación de Artistas Visuales de Cataluña. Se ha centrado más en producción vinculada al arte contemporáneo en general, incorporando tecnologías electrónicas como el vídeo, así como progresivamente el uso de las TIC. Recientemente la vertiente de producción con tecnologías digitales ha tenido un impulso importante con la elección de su nuevo director, Pedro Soler, que está llevando a cabo importantes actividades. El proyecto en construcción de Hangar 2, dentro del complejo cultural en Granollers (Barcelona), busca generar un nuevo modelo de centro de producción más abierto a los creadores y conectado en red con los diferentes agentes implicados.

El premio Vida en Madrid fue creado en 1998 por la Fundación Telefónica y gracias a la acción de su antiguo director, el artista mexicano-canadiense Rafael Lozano Hemmer, se ha convertido en un referente internacional. El premio es para obra producida y para producciones por hacer alrededor del cruce de las TIC y las artes, centradas en la vertiente generativa del hecho digital (de aquí el nombre Vida). Si bien casi siempre los premios han ido a parar a producciones fuera del Estado español últimamente ya empiezan a aparecer producciones en el Estado.

Finalmente en la Universitat Oberta de Catalunya encontramos también el espacio Artnodes, que ha ido organizando actividades alrededor de la interrelación entre arte y TIC. Consta de una publicación académica, un portal de información especializado, diferentes proyectos de investigación y proyectos internacionales. Entre los proyectos que acoge se encuentra el programa de televisión Artilugis, la base de datos LABS, conjuntamente con Leonardo de MIT Press, o la red YASMIN de arte, ciencia y tecnología del Mediterráneo, conjuntamente con la UNESCO y otras entidades. Dentro del contexto de la misma universidad, y vinculado al ámbito de la literatura digital, también es destacable la acción investigadora, de difusión y apoyo a la producción del grupo Hermeneia, de estudios literarios y tecnologías digitales.

De la misma manera haría falta tener en cuenta otras iniciativas que también son relevantes en el Estado y que parten de diferentes modelos de producción, investigación, distribución o difusión. En Barcelona encontramos importantes festivales como el Festival Sónar de música avanzada y artes multimedia, el Festival ArtFutura con una larga tradición vinculada a las relaciones entre arte, diseño e industria. Recientemente otros festivales como el OFFF de arte digital y música electrónica o el VAD en Girona representan las nuevas tendencias y gozan de un importante papel en la comunidad. Así en Barcelona el Media Centro de Arte y Diseño (MECAD), realiza también formación especializada y si bien en un principio llevó a cabo la creación de un Lab, con posterioridad centró su actividad en el campo de la formación así como puntualmente en el de la difusión. También en Barcelona encontramos la revista A mínima especializada en arte, ciencia y tecnología el Metrònom Lab de la Fundación Rafael Tous de Arte Contemporáneo dentro del Metrònom, que inició una interesante colaboración entre artistas y diferentes laboratorios de investigación tecnocientífica del CSIC y que ha tenido muchas dificultades para desarrollarse debido a la insuficiente financiación.

Por otro lado ha habido aproximaciones a la relación entre Arte, Ciencia y Tecnología desde el KRTU de la Generalitat de Catalunya (becas de producción). Desde 2005 son especialmente relevantes las ayudas a producción/investigación/difusión otorgadas por la Generalitat de Catalunya.

En el resto del Estado encontramos por ejemplo la Universidad Internacional de Andalucía UNÍA (Sevilla) que ha realizado bastantes actividades de formación en torno al sector. Existen también otros proyectos e iniciativas interesantes a tener en cuenta como VideaLab (A Coruña), Premio Arco (Madrid), el desaparecido website Aleph Arts (Cuenca), o el Instituto de Comunicación Audiovisual (ICA) de la Universidad de Castilla La Mancha (UCLM). A principios del año 2007 en Gijón encontramos el recientemente fundado Centro de Arte Industrial La Laboral, que se desarrolla con la financiación del gobierno autonómico de Asturias y algunas industrias de la zona. La magnitud de los espacios destinados al centro de difusión y producción de arte vinculado a la ciencia y la tecnología, así como la calidad de las exposiciones llevadas a cabo y del equipo del centro inauguran un centro que ya desde sus inicios ha sido comparado con el centro ZKM de Karlsruhe, anteriormente mencionado.

¿CREACIÓN COLECTIVA?: ARTE Y TELECOMUNICACIONES

El propósito de este capítulo es esbozar algunas de las interrelaciones entre arte y telecomunicaciones, y especialmente en lo que se refiere a las prácticas artísticas que se sirven de internet para su difusión y producción. La idea fuerza de esta aproximación será la creación colectiva y participada como elemento clave en esta articulación. Para ello trazaremos un recorrido que nos lleva de los orígenes de la experimentación artística con el telégrafo, la radio, el teléfono y los primeros aparatos electrónicos de comunicación a distancia, hasta la utilización de satélites y de la red de internet para la comunicación, generación y distribución de prácticas artísticas.

Arqueología del arte de las comunicaciones a distancia

Las telecomunicaciones se basan en la transmisión y la recepción de información y datos a través de líneas telefónicas, ondas de radio, satélite. A su vez la telemática es un término que se utiliza para designar a las redes de comunicaciones mediadas por ordenador que involucran el teléfono, el cable o las conexiones satélite entre individuos y/o instituciones dispersados geográficamente que tienen como interfaces a sistemas de procesamientos de datos, instrumentos de sensores remotos o bancos extensos de almacenaje de datos. Se trata pues de una tecnología de interacción entre seres humanos y entre la mente humana y los sistemas artificiales de inteligencia y percepción. Por ello el usuario individual de las redes está siempre potencialmente en un estado de interacción con otro individuo y la cantidad de datos procesados y la densidad de información intercambiada es incalculable.

Por esta misma razón se hace necesario poder entender las dimensiones culturales de las nuevas formas de comunicación a distancia mientras, en la medida en que vamos tomando conciencia de estas dimensiones culturales e implicaciones sociales, van emergiendo prácticas artísticas innovadoras que no son experienciadas como mensajes únicamente unidireccionales sino que exploran nuevas vías de comunicación multidireccional aprovechando todo el potencial de las telecomunicaciones.

Lo que en 1992 lleva al artista brasileño Eduardo Kac a profetizar, con gran acierto, que

> *el nuevo material en el que los artistas trabajarán se identificará más y más en la intersección entre los nuevos procesos electrónicos de virtualización visual y lingüísticas aportados por las telecomunicaciones y el pc (procesadores de texto, programas gráficos, programas de animación, módems y faxes, satélites, teleconferencias) y a las formas residuales que resultaron del proceso de desmaterializacion del objeto artístico desde Marcel Duchamp al arte conceptual (lengua, vídeo, displays electrónicos, técnicas de impresión, happenings, mail art, etc.) Este nuevo arte es colaborativo e interactivo y anula el estado de unidireccionalidad tradicionalmente característico de la literatura y el arte.*

Kac, Eduardo (1992) "Aspects of the Aesthetics of Telecommunications". En GRIMES, Hon, LORIG, Gray (ed) (1992). *Siggraph Visual Proceedings*. New Cork: ACM, pp 47-57

La teoría matemática de la comunicación de Shannon-Weaver (1949) establece el esquema básico sobre la comunicación en base al que ha venido a denominarse como modelo de transmisión. Consiste en un transmisor que convierte el mensaje, que proviene de la fuente de información, en señales. Estas señales, con su correspondiente ruido que aparece en el transcurso del envío de la información mediante el medio transmisor, llegan al receptor que lo recibe y convierte la señal en información utilizable por el destinatario. Este modelo está especialmente indicado para las tecnologías de la comunicación pero también se ha extendido al estudio de las comunicaciones humanas, aunque un modelo matemático semejante puede resultar de difícil aplicación.

Las críticas al modelo de comunicación basado en la transmisión apuntan sobre todo al hecho que la concepción de comunicación usada está basada únicamente en el hecho de reducirla a la transmisión de información. Por ejemplo, la comunicación difiere mucho según el tipo de contexto en el cual se produzca el intercambio de información. También en función de las intenciones, en función del canal, el medio o la relación entre el transmisor y el receptor: si no hay retroalimentación, ¿los medios de comunicación masiva serían medios de comunicación entonces?

Porque de hecho, tal como comenta la teórica Inke Arns, la idea que la recepción de un trabajo artístico requería de la participación del espectador no fue exclusiva del siglo XX sino que fue anticipada a finales del siglo XIX por la noción que propuso Mallarmé: un arte basado en procesos acompañando los elementos permutables y aleatorios que en la forma de obra abierta se convertirán en programáticos para los movimientos vanguardistas 50 años después. De la misma manera en 1957 Marcel Duchamp dijo que la experiencia estética asignaba un rol constitutivo al espectador, que en el proceso de ver "adhiere su contribución a la experiencia creativa". En otra ocasión dijo que "un trabajo está enteramente hecho por aquello que miran de él o leen de él, y que le permite sobrevivir a los elogios o incluso a su condenación".

De esta manera podemos decir que las nociones de interacción, participación y comunicación son centrales en el arte del siglo XX. Implican cambios que llevan de una concepción de la obra de arte cerrada a la obra abierta; de una concepción del objeto estático a proceso dinámico; de una recepción contemplativa a participación activa; de la concepción del autor genial a la del autor como productor o la muerte del autor, hacia la autoría distribuida o colectiva; de artista genio a la figura del artista como iniciador de procesos comunicativos y a menudo sociales y políticos (Arns, 2005).

Las prácticas artísticas que se sirven de las telecomunicaciones para desarrollarse se convierten en prácticas que vienen a representar la culminación de la reducción del rol del objeto artístico en la experiencia estética. Si el objeto es totalmente eliminado y los artistas están ausentes, el debate estético se encuentra a sí mismo detrás de la acción como forma, detrás de la idea como arte. Es decir, se encuentra a sí mismo en las relaciones e interacciones entre miembros de una red.

Desde su aparición pública hacia el año 1899 la radio capturó la imaginación de los oyentes gracias a la posibilidad de evocar imágenes mentales sin los condicionantes espaciotemporales impuestos por el aquí y el ahora. La disociación entre imágenes y audio y la transmisión a distancia invitaba a la creación de paisajes mentales dispuestos para una relación más íntima con el oyente, y por ello rápidamente la radio se convirtió en un medio muy popular. Artistas como Bertolt Brecht hallaron en la radio un medio para expandir la estética así como la audiencia de las artes escénicas, transformar el teatro y llevar a cabo sus obras pedagógicas realizadas con el fin de provocar la toma de conciencia sobre las condiciones sociales y económicas bajo las que vivían los oyentes. La radio pasaba de ser un medio de transmisión a un medio de comunicación en donde se buscaba un nuevo modelo de interacción en el que el oyente se convirtiese en participante, en el mismo productor del programa radiofónico, superando así la unidireccionalidad del medio.

Así también en 1938 Orson Welles representó la adaptación radiofónica de un texto literario, *La guerra de los mundos* (1898), en la CBS. Los acontecimientos sucedidos a raíz de la simulación de la "invasión de los marcianos en la tierra" demostró por primera vez la capacidad de generación de efectos de verdad asociados a un medio de comunicación de masas. La simulación se convirtió en realidad en la imaginación de los oyentes, que creyeron el relato de Welles dada su aparente veracidad. De esta manera se hicieron explícitos los mecanismos de construcción de verdad, la falsa transparencia del medio y su influencia en la conciencia colectiva de la sociedad.

Por otro lado, otros medios de comunicación a distancia como el correo también dieron (y dan) lugar a intervenciones artísticas que exploraban sus posibilidades en las redes postales. El sistema postal como medio artístico tiene algunos antecedentes como la telegrafía dadá, la correspondencia futurista o la pieza de Marcel Duchamp, *Rendez-vous du dimanche 6 fevrier 1916*, un conjunto de cuatro postales con un texto en donde el artista deliberadamente, y como un juego, esquiva el significado referencial. Así, antes de internet el arte en red fue explorado por artistas postales como Ray Johnson que dio lugar a la New York Correspondence School, que fue la semilla para un movimiento internacional de *mail art* en donde se promovía la estética de la sorpresa y la colaboración. Los métodos de trabajo que se llevaron a cabo pusieron a prueba los límites de las regulaciones de las comunicaciones postales, y a su vez provocaron la salida del sistema hegemónico del arte, procesos de legitimación, comisariado e institucionalización.

En otro contexto, una de los primeras experiencias con telégrafos fue con el mensaje "DADÁ", enviado en 1919 por Richard Huelsenbeck, Johannes Baader y George Grosz desde Berlín a Milán y dirigido al soldado y escritor Gabriele D'Annunzio en donde se aplaudía la absurdidad de su movimiento militar espontáneo en el que junto a unos voluntarios invadió y se anexionó la ciudad de Fiume, hoy Rijeka (Croacia), de forma temporal y aislada. Laszlo Moholy-Nagy también utilizó el teléfono para llevar a cabo sus ideas constructivistas según las cuales el artista moderno puede estar subjetivamente distante. De esta forma expandía la noción del objeto artístico que no tiene porque ser el resultado de las habilidades técnicas manuales del artista. En 1922 ordenó por teléfono a una fábrica la realización de cinco pinturas en porcelana esmaltada. De esta manera la obra se encuentra sometida a procesos industriales, y se vuelve en indistinguible la copia del original.

Con posterioridad, en el Museum of Contemporary Art de Chicago hicieron la exposición "Art by Telephone" en el año 1969. 36 artistas recibieron el encargo de hacer una llamada al museo para detallar su contribución a la muestra así como la producción, que corría a cargo del museo, pues el artista debía estar físicamente ausente en el proceso. Lo cierto es que la mayoría de los artistas convocados respondieron utilizando el teléfono de una manera convencional, solo para transmitir las ordenes para la producción, y solo unos pocos transformaron el hecho comunicativo en el trabajo en sí mismo, como Iain Baxter, Stan VanDerBeek, Joseph Kosuth o James Lee Byars.

Algunos artistas conectados con los movimientos Happening y Fluxus de los años 60 dieron también importantes pasos en el papel de la introducción de la participación del espectador en el seno del trabajo artístico. Por ejemplo John Cage con sus composiciones *4'33"* (1952) o *Imaginary Landscape No 4* (1951) entendidas como obras abiertas, son algunos ejemplos que podríamos considerar paradigmáticos. Así en 4'33" la pieza se articula en base a todo ese tiempo en donde el silencio entra en diálogo con la sala, dependiendo de las condiciones del público y su agitación, los ruidos que hace, el efecto que produce en el público, enfatizando de esta manera el potencial creativo sonoro de la audiencia. También los *happenings* de Allan Kaprow en los años

1950 fueron convirtiendo a los espectadores en participantes ejecutores y *performers* del proceso artístico en sí mismo. La *intermedia* aparecía de mano de la interacción entre audiencia, trabajo y artista situándose fuera de los géneros establecidos, categorías e instituciones.

En 1963 se hizo la Exposition of Music Electronic Television en donde participó Nam June Paik con su *Pariticipation TV* (1963-1966) en donde se intentaba conseguir la interacción del espectador con la imagen de la televisión electrónica. Luego más adelante creó Magnet TV (1965) que permitía al usuario producir patrones oscilantes en una pantalla eléctrica modificada. De esta manera Paik recurría a la reutilización de la TV y la radio, cambiando la unidireccionalidad y la pasividad del consumo de los espectadores. Años atrás Nam June Paik, en 1961, intentó organizar un concierto de piano a dos manos donde una mano tocaba en San Francisco y la otra en Shangai, a través de la conexión por satélite fusionando ambas manos.

Pero la primera conexión en red entre artistas no fue hasta 1977. Por ejemplo una de las primeras fue la conexión entre Joseph Beuys, Douglas Davis, Charlotte Moorman, Nam June Paik celebrando la apertura de Documenta 6 en Kassel. En el evento se llevó a cabo la performace *The last nine minutes,* donde Douglas Davies intentó simbólicamente atravesar la pantalla del televisor y establecer comunicación directa con su audiencia. Davies en *Talk Out* (1972) entra en conversación con su audiencia, realizando diálogos privados mediante el teléfono y una impresora, y con ello intenta romper la unidireccionalidad del medio de masas para lograr personalizar la comunicación con la audiencia.

De hecho fue Davis quien realizó el primer proyecto del mundo con satélites, *Seven thougths*, en 1976. Así también, mediante la utilización de la comunicación a distancia a través de los satélites, en 1977 Kit Galloway y Sherrie Rabinowitz produjeron el *Satellite Ars Project* donde dos grupos de danza interactuaron en dos lugares diferentes. Las imágenes fueron superpuestas en las pantallas creando la ilusión de la realización de la danza conjuntamente. Este proyecto se convirtió en una influencia muy grande para otros proyectos y sus autores se convirtieron en auténticos pioneros de las prácticas artísticas vinculadas a las tecnologías de información y comunicación. Con posterioridad se llevaron a cabo otros proyectos como *Hole in the Space* en 1980, luego *Electronic Café* en 1984 para los juegos olímpicos de los Ángeles, donde se realizó un prototipo temporal de los cafés internet de hoy.

Internet

En los años 80, cuando internet estaba limitado al código ASCII, las redes nacionales de videotexto instaladas en países como Francia (minitel) y Brasil (videotexto), dieron lugar a los primeros trabajos artísticos telemáticos. Fred Forest y Orlan fueron algunos de los artistas que trabajaron con el minitel en Francia. Así Forest creó *La bourse de l'imaginare*, una instalación multimedia que incluyó el minitel y que se exhibió en 1982 en el centro Georges Pompidou de París. Orlan presentó *Art-accès* en línea en marzo de 1985 en el contexto de la monumental exposición de "Les Immatériaux" donde Jean François Lyotard reunió a intelectuales franceses para el Centro Georges Pompidou.

Los primeros procesos de autoría en red en sentido estricto relacionados con el arte fueron Robert Adrian X con *The world in 24 hours* (1982), Roy Ascott y *La plissure du texte* (1983), Norman White con *Hearsay* en 1984. También son especialmente significativos *The first meeting of the Satie Society* de John Cage (1986) o *The Planettary Network* de Roy Ascott para la bienal de Venecia (1986).

Para Robert Adrian X el proyecto *The Planettary Network* de Ascott supuso un punto de inflexión y marcó el final de la primera fase de los proyectos artísticos en telecomunicaciones. Uno de los primeros eventos telemáticos de proporciones globales fue *Terminal Art* de Roy Ascott realizado con el sistema de conferencia por computadora Infomedia Notepad de Jacque Vallee. El siguiente evento fue *La plissure du texte* realizado en el contexto de la exposición "Electra" de 1983 organizada por Frank Popper. Así mismo Roy Ascott con Tom Sherman y Don Foresta organizaron el *Ubiqua telecomunications labs* para la bienal de Venecia en 1986. Años antes Robert Adrian organizó una red global para el festival Ars Electronica en Linz *The World in 24 hours* que enlazaba artistas de grupos de Viena, Frankfurt, Amsterdam, Bath, etc. Con ello se enfatizaba la dimensión artística consistente precisamente en no crear objetos especiales sino en establecer ocurrencias comunicativas entre participantes. Artistas en 16 ciudades de tres continentes estuvieron interconectados durante 24 horas donde dibujaron un mapa mundial telemático a través de telefax y *slow scan television* (un vídeo-teléfono primitivo). En este sentido la desmaterialización, el proceso y la participación son las tres ideas básicas en el contexto del arte electrónico por internet.

A partir de aquí, podríamos continuar avanzando a través de las discontinuidades del pasado para contribuir a una genealogía del arte en red. Quizá solo podríamos recordar que en 1993 se realizó unos de los primeros proyectos de comunicación basados en internet, *Handshake*. Un año más tarde Douglas Davies, el pionero de la televisión interactiva e iniciador de los primeros proyectos telemáticos lanzó uno de los primeros proyectos de *net art*: *The world first collaborative sentence* (1994), una sola frase que los lectores han ido desarrollando de forma colaborativa, añadiendo nuevas palabras desde entonces. Davis de esta manera, continuando en la línea de sus anteriores obras, busca romper los rígidos paradigmas de transmisor-receptor del circuito de los *mass media*, y por ello internet se convierte en el medio ideal, un espacio para la conectividad y la participación.

Con la llegada de internet el número de proyectos creció exponencialmente y surgió lo que luego se denominó como *net.art* o arte en red, que goza de una expansión y consolidación considerable en el entorno artístico. El trabajo que ejemplifica el uso de la web como específicamente creado para este contexto es *jodi.org* un sitio web creado por Joan Heemskerk y Dirk Paesmans que comenzó a funcionar en agosto de 1995. En Jodi el desorden y caos aparente se convierte en arte para los iniciados en la tecnocultura. Este caos y desorden es de hecho el resultado de la asociación y apropiación libre de comentarios críticos sobre los elementos que constituyen los entornos en donde el sitio reside, como por ejemplo la web en sí misma. En vez de servir a la funcionalidad de un objetivo claro marcado por el diseñador web, en Jodi las etiquetas html, los caracteres ASCII, las imágenes jpg o gifs, los javascripts, etc., son sacados de la sintaxis estándar del entorno de programación al que pertenecen y son recontextualizadas como objetos de interés, como el sujeto de trabajo. Su trabajo se dirige de esta forma a la incontenible saturación de información en la que normalmente vivimos.

En 1995 el Festival Ars Electronica, el festival más importante del mundo relacionado con el arte de los nuevos medios, creó la categoría *websites* artísticos dentro de su competición internacional. El mismo año se fundó la lista de distribución *nettime*, que con los años se ha erigido como referente de la tecnocultura, así como entre 1994 y 1996 emergieron otras publicaciones electrónicas como Ctheory, Rhizome o Leonardo Electronic Almanac.

La artista rusa Olia Lialina fue una de las pioneras del *net.art* y en su obra *My boyfriend came back from the war* (1996) construye una narración con todo un interesante juego de marcos, imágenes y texto, adaptando de manera curiosa las teorías sobre montaje cinematográfico del cineasta ruso Sergej Eisenstein. En esta obra podemos ver cómo se fusionan diferentes lenguajes como el de los audiovisuales y el de la estructuración de la información en libros, diarios o revistas, encaminados hacia la consecución de un nuevo lenguaje, fusión de los anteriores. La red pasa a ser distribuidora de la obra y posibilita el acceso múltiple a la construcción de la narrativa misma tomando como base el abanico de itinerarios marcados por el artista.

En la medida que los artistas iban tomando control de las herramientas tecnológicas se iba alcanzando una madurez en la experimentación con contenidos. La narrativa hipertextual no lineal se expresa en numerosos proyectos como por ejemplo el que el novelista Mark America crea en *Grammatron* (1997), que genera un entorno narrativo de dominio público en el que éste va desarrollando sus ideas alrededor del ciberespacio, la cábala, el misticismo o el sexo virtual en una sociedad futura, donde los relatos ya no están hechos para ser leídos en los libros sino para experimentarse ya directamente en formato hipertextual. De esta manera el visitante se halla envuelto en una narración en forma de laberinto, donde debe tomar continuas decisiones que estructuran la obra, decisiones de navegación cuyas consecuencias pueden ser imprevistas e inesperadas para el interactor, que pronto se encuentra perdido.

Por otro lado el net.artista Mark Napier trabaja en la idea que en nuestra sociedad la gran abundancia de información rodeando nuestras vidas en muchos casos tan sólo es equiparable a su ausencia de contenido. Por ello elabora *Digital Landfill* (1998) que se convierte en una especie de vertedero *on line*, donde el visitante puede deshacerse de todos los desperdicios digitales que ya no necesita como por ejemplo *e-mails* o todo tipo de datos obsoletos, contribuyendo a lo que él llama la creación de abono virtual para fertilizar el terreno de las ideas que necesitan de un constante reciclaje. El usuario con posterioridad puede visualizar los desechos por diferentes bloques, inspirarse en ellos para generar nuevas obras y utilizar los desechos que necesita para sus creaciones en una labor de reciclaje continuo, a modo de un collage continuo.

En esta línea de recontextualización de los elementos dispuestos Napier concibe también *The Shredder* (1998) que, a modo de un navegador alternativo a los ya conocidos, deconstruye las páginas web que visita presentando la estructura global del sitio como un collage caótico e irracional. A diferencia de los navegadores tradicionales, *Shredder* se apropia de los datos de la página, destruyendo y luego reconstruyendo su estructura, para crear otra web paralela a partir de los elementos de la original. De esta forma los contenidos se convierten en pura abstracción desprovista del contexto que los sustenta, los textos se convierten en gráficos y la información en una especie de collage artístico. Siguiendo con estas exploraciones Napier crea *Riot*, un navegador multiusuario que realiza un collage automático de la página que se desea visualizar, juntándose a las tres últimas que han sido visitadas desde el sitio realizando un collage en tiempo real.

Por otro lado la obra de *net.art The Intruder* (1999), realizada por Natalie Bookchin, se basa en un cuento del escritor y poeta Jorge Luis Borges donde, a través de diez juegos, se cuenta la historia de dos hermanos enamorados de la misma mujer. Los juegos explican metafóricamente la trágica historia en donde el usuario tiene que superar diferentes pruebas, como por ejemplo capturar una serie de palabras, destruir naves espaciales, jugar a ping-pong con una mujer que es utilizada a modo de pelota, atrapar los objetos que caen de una vagina o participar en un duelo al estilo de los que aparentemente solían haber en el lejano oeste norteamericano. El trágico desenlace del relato, en donde finalmente el hermano mayor mata a la mujer, se refleja en el carácter violento de los juegos que reelaboran este relato de Jorge Luis Borges.

Desde entonces el llamado *net.art* ha evolucionado mucho y se ha ido transformando de mil maneras insertándose dentro del sistema artístico así como en el contexto académico de investigación y el de enseñanza artística. Teóricos como Rachel Greene en Estados Unidos o Laura Baigorri y Lourdes Cilleruelo en España han elaborado completas monografías sobre el *net.art*, localizando sus orígenes, relacionándolos con otros movimientos y trazando tanto la historia de estas prácticas como el contexto teórico adecuado para su interpretación. Espacios como el ya desaparecido *website* de Aleph-Arts, dirigido por el teórico José Luis Brea, han desarrollado un importante papel en la elaboración del contexto teórico en el ámbito hispano hablante.

Tal como comenta Rachel Greene, la institucionalización y normativización del llamado *net.art* supone que

> *originalmente concebido como un campo social alternativo donde el arte y la vida diaria estaban fusionados, el* net.art *podía ahora parecer amenazado por su propio éxito –lo que supone, probablemente, la cesión de un grado por el hecho de haber llegado a un punto muerto, un espíritu antiinstitucional que lo ha llevado más dentro si cabe del cerco institucional. Sin embargo la prodigiosa capacidad de internet para presentar e inspirar trabajos artísticos "hacktivistas", politizados, no debiera ser desestimada. Y como la red se mueve precipitadamente hacia la convergencia con la televisión, se reclaman urgentemente nuevas estrategias para maniobrar libremente, soberanamente, hacia un entorno total-media cada vez más factible. En su ensayo* El ABC del Tactical Media *(1997), David García, artista y activista de los* media, *y Geert Lovink, miembro del colectivo media holandés Adilkno y moderador de Nettime, describen elocuentemente los planteamientos que los más ambiciosos trabajado-*

res culturales del net.art *han adoptado y sobre los que continúan preguntándose: "¿De qué manera utilizamos –como consumidores– los textos y artefactos que nos rodean?" Encontrando su respuesta en* La práctica de la vida diaria *(1974) de Michel de Certeau: "Tácticamente." "Eso es." García y Lovink continúan: "En los caminos más lejanos, creativos y rebeldes que fueron imaginados antes (...). Una estética existencial. Una estética de furtivos, de engaños, interpretaciones, discursos, de paseos, de compras, de deseos. Bromas ingeniosas, donde el astuto cazador maniobra situaciones polimórficas, descubrimientos divertidos, y poéticos mejor que bélicos.*

Greene, Rachel (2000) "Web work a history of internet art" en *Artforum International*, nº 9 mayo 2000, p. 162-167.

Hoy la "sociedad red" y su especialización de los flujos de información nos han llevado hacia nuevas configuraciones territoriales a través de procesos que van reelaborándose continuamente a raíz de la geometría variable de los flujos globales de información. Una nueva geografía de los flujos se va dibujando incesantemente. Los teléfonos móviles, las redes sin hilos, las tecnologías GPS o nuevas aplicaciones de sistemas de información geográfica han hecho posible conectar instantáneamente información relativa a los lugares y su contexto con su espacio físico. De esta manera se exploran nuevas formas de creación, producción y consumo social y cultural asociado a estas practicas espaciales novedosas y creadores experimentales y artistas de todo el mundo trabajan con estas tecnologías intentando captar la forma que afectan y modelan nuestra vida cotidiana, las nuevas formas de relación con el espacio que nos acoge.

De esta manera los denominados *locative media* (o medios de comunicación localizados) hacen factibles todo tipo de experiencias de conexión de aquello local con aquello global, o la fusión del espacio físico real con el espacio virtual. Por ejemplo un proyecto muy interesante es el del artista japonés Masaki Fujihata, que mediante videocámaras y dispositivos GPS sigue el flujo de los visitantes de una isla, creando un mapa alternativo basado en la exploración humana, en lugar de basarse en los rasgos físicos y distancias reales. Durante un fin de semana en 2003, en torno a cien personas fueron invitadas a seguir al artista a pasear por la isla. Los datos fueron transformados en una instalación tridimensional. De esta forma se exploraban usos sociales novedosos de las telecomunicaciones, tal como hacen otros artistas como Antoni Abad.

Abad ha ido trabajando en una serie de obras participativas que utilizan las telecomunicaciones para dar voz y visibilidad a colectivos que no tienen presencia activa en los medios de comunicación o que se les otorga una visión negativa. Primero fueron los taxistas de Ciudad de México (*Sitio Taxi*), después los gitanos de Lleida y León (*Canal Gitano*) las prostitutas de Madrid (*Canal Invisible*) o el colectivo de discapacitados que transitan con silla de ruedas por la ciudad de Barcelona (*Canal Accesible*). En *Canal Accesible* los protagonistas son 40 discapacitados que se propusieron realizar una cartografía de la Barcelona intransitable, fotografiando y publicando en tiempo real en internet todos los obstáculos que se iban encontrando. Tal como comenta Abad: "No me importa mucho el debate sobre lo que es o no es arte. Mis trabajos combinan arte y tecnología, tienen una vertiente sociológica y antropológica e impulsan un uso social de las redes telemáticas, pero lo cierto es que son financiados por centros de arte". En el año 2006 Abad fue el primer artista español en ganar el prestigioso premio Golden Nica del Prix Ars Electronica en la categoría de Comunidades digitales.

ARTE E INFORMÁTICA

El propósito de este capítulo es esbozar algunas de las interrelaciones entre arte e informática a través del imaginario ideal de la consecución de una mente computacional, es decir la simulación de los diferentes atributos de la mente mediante el uso de diferentes tecnologías informáticas. Para ello trazaremos un recorrido en el que partimos de las tecnologías de realidad virtual como espacios en los que se intenta simular audiovisualmente la realidad en entornos inmersivos, luego nos trasladamos al software y la calculabilidad inscrita en lo digital para llevarnos hasta el imaginario asociado a la inteligencia artificial, sus realidades y sus utopías. Finalmente, como puente entre lo artificial y lo orgánico, trazamos algunos de los planteamientos artísticos surgidos a través de los avances en las tecnologías de vida artificial.

¿Realidad virtual o virtualidad real?

La exploración de las posibilidades artísticas de las tecnologías de la realidad virtual (RV) por parte de artistas e ingenieros de todo el mundo ha venido dando lugar a aportaciones realmente significativas en el contexto de la expresión artística así como en algunos casos en el contexto de los desarrollos tecnológicos. Las nuevas funcionalidades exigidas a las tecnologías de realidad virtual vigentes por parte de las motivaciones artísticas críticas que buscan dotar del máximo de expresividad a las posibilidades de estas tecnologías han dado lugar a aplicaciones tecnológicas innovadoras que expanden los límites del conocimiento y el desarrollo en las tecnologías de la realidad virtual, así como en las posibilidades cognoscitivas y experienciales vinculadas a tales tecnologías.

De esta forma, tal como se indica habitualmente, los requerimientos tecnológicos estándar (y que dan lugar a los condicionamientos, las posibilidades y limitaciones para la producción del autor y percepción e interacción del usuario) para un sistema de RV moderno son en primer lugar un *hardware* capaz de proporcionar gráficos 3D en tiempo real con sonido estéreo de alta calidad. A continuación se necesitan los elementos de entrada para detectar la interacción y movimientos del usuario. Finalmente hacen falta los elementos de salida que transformen las señales generadas por el ordenador en sensaciones físicas para el usuario, y el *software* que maneje en tiempo real el proceso de entradas/salidas, la creación de imágenes, simulación y acceso a la base de datos que almacena la representación del mundo virtual.

La exploración experimental de las posibilidades expresivas de tales tecnologías pone de relieve las limitaciones de éstas asociadas a las limitaciones impuestas por las tecnologías disponibles en el momento, pero sobre todo a las limitaciones de los conceptos asociados a la realidad virtual (sobre el cómo percibimos, el cómo conocemos, etc.). Tales desarrollos a su vez tienen su impacto en las teorías de la imagen así como en el contexto de lo artístico, tal como señala Oliver Grau:

En la realidad virtual, una vista panorámica junto a la exploración sensomotora de un espacio de imágenes nos da la impresión de un entorno viviente. Los medios interactivos han cambiado nuestra idea de la imagen por una idea de espacio de experiencia mutisensorial interactiva con un marco de tiempo determinado. En el espacio virtual los parámetros espaciotemporales pueden ser modificados a nuestra voluntad, permitiendo que el espacio sea usado para modelar y experimentar.

GRAU, Oliver (2003) *Virtual Art: from illusion to immersion.* Massachusetts: MIT Press, p. 7

Uno de los proyectos hoy ya clásicos es *Osmose* (1994-1995), de Char Davies, un entorno de realidad virtual interactivo e inmersivo. La interfaz de usuario consta de un casco estereoscópico que registra los movimientos del interactor, su respiración (inspirar para ascender, expirar para descender) y su equilibrio (inclinarse para cambiar de posición), evitando deliberadamente emplear la interacción convencional basada en las manos. De esta manera se quiere transmitir una experiencia intensificada de estar incorporado en el espacio-tiempo del mundo vivo, dentro un entorno virtual donde el cuerpo entero queda inmerso en una espacialidad que siendo virtual se percibe como real. Precisamente para potenciar esta sensación de inmersión se creó una interfaz de navegación centrada en la respiración y el equilibrio como técnicas que favorecen la meditación y la "deshabituación" perceptiva, que facilitan cambios en la conciencia. La experiencia viene a tener ciertas similitudes con la experiencia del buceo, en solitario y en un entorno no cartesiano por descubrir incluso mediante un dificultoso aparato pesado como el casco especial para este "buceo virtual".

Se llega a crear entonces una impresión de inmersión plenamente corporal en un entorno virtual, con el sentimiento de estar en las imágenes, flotando y navegando en el espacio tal como lo hacen los buceadores en el mar. Este diseño físicamente íntimo de la interfaz hombre máquina da lugar a tales experiencias inmersivas que el artista habla incluso del hecho de servir para reafirmar la corporeidad de los participantes. Se crea un contexto espacio-temporal donde explorar la propia experiencia subjetiva de estar en el mundo tal como una conciencia corporeizada en un entorno espacial donde las fronteras entre dentro/fuera, mente/cuerpo se disuelven.

Tal como comenta Christiane Paul (2003) una de las estrategias extremadamente efectivas de Davies es evitar el realismo representativo en la creación de sus mundos: aunque los entornos son parcialmente representacionales, ellos a su vez tienen un elemento de translucidez y utilizan texturas que sugieren un flujo constante de partículas. Aparte de los entornos naturales, el entorno de RV de *Osmose* también incluye la capa de "código" y "texto" que ilustran, respectivamente, el *software* en el que el trabajo está hecho así como citas de los propios escritos del artista y textos sobre tecnología, naturaleza y cuerpo. Las metacapas más abstractas enmarcan los entornos naturales en el contexto del espacio de datos. El nivel de inmersión y corporeización basado en el *software* desarrollado por Davies es muy poco usual entre los entornos de RV desarrollados en el contexto artístico. La mayoría de proyectos de RV artística utilizan las estructuras físicas con el fin de crear el efecto inmersivo de sus mundos virtuales.

A propósito de *Osmose*, podemos identificar dos líneas de aproximación principales en la pieza artística: primero, la promoción de un nuevo estadio en una síntesis íntima y expansiva de la mente junto con la tecnología; segundo, la confirmación de la opinión de aquellos que ven en la ideología de la interfaz natural un nuevo nivel en la historia de las ideas y las imágenes del ilusionismo (Grau, 2003).

'Software art' y programación artística

Seducidos por la pureza conceptual y belleza de las ideas que provienen de las matemáticas hay quienes han procurado adoptar ciertos procedimientos para la creación, como por ejemplo la creación mediante algoritmos. Un algoritmo es un procedimiento de cálculo que consiste en ejecutar un conjunto de instrucciones una después de la otra en un orden establecido hasta conseguir la solución. Las instrucciones forman un conjunto reducido que permite expresar acciones cotidianas como ir paso a paso, preguntarse por el resultado de un cálculo o repetir un conjunto de pasos para hallar una solución.

La implementación real del lenguaje algorítmico puede llegar a ser muy rica en varios lenguajes de programación, con objetivos claramente diferentes. Artistas como Roman Vertosko, Ken Musgrave, Manfred Mohr o Charles Csuri se autodenominaron "algoristas", y sus prácticas artísticas fueron denominadas como "arte algorítmico", donde el ordenador ejecutaba aquello que ellos programaban. Pero quizás tal y como Verotsko dice, "todo el arte usa algoritmos de forma implícita, lo que pasa es que nosotros lo hacemos explícitamente focalizando nuestro arte en el algoritmo en él mismo".

Por lo tanto, no sería nada difícil decir que el arte algorítmico, a menudo mezclado con el que también se denominó *computer art*, es a la vez el antecesor del *software art* o "arte de software", que se centra en el código en sí mismo y que representa la eclosión de los ordenadores y la programación en el arte. En vez de usar algoritmos residentes en programas prefabricados, como por ejemplo Adobe Photoshop, el artista crea sus propios algoritmos para hacer aquello que quiere que el ordenador haga para él. En esta dirección son realmente interesantes los trabajos de John Maeda y su grupo del MIT, de donde han salido excelentes creadores como por ejemplo Golan Levin, Casey Reas o Ben Fry, entre otros. Son auténticos artistas del código que en vez de pintar sobre una tela programan ordenadores como si se tratara de dar pinceladas. Los gráficos por ordenador se han convertido en una línea de investigación con una doble vertiente artística y científica.

Nuestro contexto tecnológico ha cambiado radicalmente respecto al del *computer art*. Si en los años 60 trabajar con ordenadores era una actividad marginal (dado el alto coste y dificultad de operación de las máquinas) en 2007 es básicamente banal dada su relativa accesibilidad. Hoy los ordenadores se han estandarizado y son utilizados ampliamente, y millones de personas tienen nuevas prácticas y hábitos visuales y auditivos. Aquí es donde debemos encontrar el verdadero origen del *software art*, es decir, en el deseo de ir contra los estándares y los formatos que se han extendido masivamente para buscar nuevas experiencias inéditas.

Hoy el *software art* se basa en la consideración de que el *software* no es tan sólo un instrumento funcional, sino que también se puede considerar una creación artística en sí misma: el material estético resultante es el código generado y la forma expresiva es la programación de *software*. Concretamente, podemos destacar dos líneas de trabajo básicas: de una parte, el trabajo con el código, es decir, en este caso el material de base son las instrucciones formales o código y, de otra parte, el trabajo crítico en torno a la vertiente cultural del *software*, o sea, la intervención sobre la concepción del *software* entendido como artefacto cultural, que actúa dentro la cultura modificando nuestra manera de vivir y nuestra manera de ver la sociedad, y que a la vez se modifica él mismo en comunicación con nuestro entorno (Fuller, 2003).

Hoy esta vertiente generadora del ordenador y del artista como programador que preconizaba el arte computadorizado se acerca mucho a lo que se denomina *software art*, aún cuando hay importantes diferencias con respecto al acento en los resultados obtenidos en un caso y en los procesos abiertos en el otro caso (Arns, 2004). Este término es relativamente nuevo, puesto que se usó por primera vez en el festival Transmediale de Berlín en 2001, y desde entonces ha disfrutado de una amplia aceptación que ha hecho que se hayan generado festivales, simposios o libros dedicados exclusivamente a esta temática.

Algunos acontecimientos notables son: *Kontrollfelder* (Dortmund 2001, Andreas Broeckmann y Matthias Weib, curadores); el simposio *Code; the language of our time,* de Ars Electronica Festival 2003; el Festival *Read_Me*, concebido por Olga Goruinova y Alexei Shulgin (Moscú 2002, Helsinki 2003, Aarhus 2004, Dortmund 2006) y las exhibiciones *Generator* (Gran Bretaña 2002, dirigido por Geoff

Cox), *CODeDOC* (Nueva York, septiembre, 2002, organizado por Christiane Paul), *I love you-computer_viren_hacker-kultur* (Frankfurt, 2003) y el almacén de arte software *Rumme*, iniciado en enero de 2003.

Para este arte, desde una perspectiva histórica, el año más significativo fue 1970, durante el cual tuvieron lugar tres eventos: la exposición de Jack Burnham "Software-tecnologías de la Información: su nuevo significado para el arte", que tuvo lugar en el Museo Judío; la exposición montada por Kynaston Mc Shine en el MoMA de Nueva York, titulada "Información"; y la fundación de la revista *Radical Software* por Beryl Korot, Phyllis Gershuny e Ira Schneider.

En la línea de la reelaboración conceptual del *software* estándar, el programador Adrian Ward creó *Auto-Illustrator* (2002), un *software* generativo experimental y semiautónomo con una completa aplicación de diseño de gráficos vectoriales para acompañar el resto de utilidades profesionales para el diseño gráfico de los diseñadores o artistas. El *software* es una parodia, una modificación conceptual profunda y una crítica contra los programas de diseño más conocidos como por ejemplo Photoshop o Illustrator, de la empresa Adobe. Ward estuvo trabajando para la compañía multinacional Adobe donde elaboraba programas de ayuda, y a partir de su experiencia creó Autoshop y AutoIllustrator, programas que parodian y reelaboran una visión crítica sobre el control y las funcionalidades inscritas en el *software* profesional de diseño.

Tal como indica el prefijo "auto" que aparece en el programa, el usuario esta aquí parcialmente incapacitado para controlar las funcionalidades, al contrario de lo que sucede en los programas de la casa Adobe en los que las funciones predefinidas tienen un control total sobre la apariencia y el resultado de las imágenes. De esta manera el usuario pierde el control cuando las funcionalidades buscan influenciar al usuario y modificar las imágenes sin estar bajo control de sus creadores. A su vez el programa va más allá cuando a través de la sátira revela la forma en que los productores de *software* se comportan con respecto a los usuarios. La petición constante para registrarse en las bases de datos de la empresa productora, los mecanismos para obstaculizar el trabajo de quien no quiere registrarse mediante la necesidad de introducción de números de serie larguísimos y de difícil entrada, forman parte de los dispositivos paródicos de denuncia que Ward establece a través de AutoIllustrator.

Así, en vez de dibujar los diseños el usuario los genera a través de opciones como *1970's Boxes*, *Designer Republic's Arrows*, *Barcode*, o *Instant Swooshes*, opciones que emulan parodiando las opciones del Photoshop, que pertenecen al imaginario de las vanguardias artísticas, tal como indicaba Lev Manovich (2001). Una vez realizado el diseño se pueden generar múltiples transformaciones que lo deformen completamente, como por ejemplo echar insectos por encima o deformarlo con un imán virtual, mientras el programa autocolorea o rearregla partes del diseño de forma automática. De esta forma, mediante la imitación paródica el autor nos señala la inadecuación creciente de algunos de los presupuestos del *software* moderno.

Todo ello nos lleva a una reflexión sobre el rol de la autoría y la creatividad en entornos digitales, la autenticidad de los trabajos artísticos. Ward en su programa creativo nos invita a pensar sobre los procesos de decisiones artísticas a la hora de crear una pieza artística, cuando el hecho de programar se convierte en algo más que un método de producción. Creando con AutoIllustrator, de forma inconsciente, estamos creando junto con el autor que programó el programa, es decir, con las funcionalidades adscritas al *software* diseñado. Frente a la homogeneización y la normalización en el diseño gráfico sucedido a raíz de la excesiva dependencia y confianza en ciertos programas como el omnipresente Adobe Photoshop, Adrian Ward crea Autoshop o AutoIllustrator que fuerza al usuario a experimentar una aproximación disfuncional al diseño gráfico.

El imaginario de la inteligencia artificial

El intento por reproducir las propiedades de la inteligencia humana mediante artefactos como por ejemplo programas, robots o cualquier otro tipo de agentes, ha sido uno de los sueños más antiguos de la humanidad. La posibilidad de crear máquinas que pudieran pensar, siempre ha estimulado el ingenio de los hombres y, aún cuando estamos muy lejos de reproducir todas las propiedades de la inteligencia humana, sí que ha sido posible llevar a término desarrollos sorprendentes en diferentes direcciones.

Pensadores como Descartes, Leibniz, Boole, Frege, Russell, Turing o Wittgenstein contribuyeron decisivamente al desarrollo de la Inteligencia Artificial (IA). Alan Turing, con su test de Turing (y su idea de que el pensamiento puede ser replicado por la vía del cálculo), Norbert Wiener, con su teoría de la cibernética (teoría del control y la comunicación entre sistemas animales y sistemas tecnológicos), y Claude Shannon (con la teoría matemática de la comunicación) son algunos de los desarrollos que contribuyeron a hacer posible que se instaurase la IA como disciplina.

Hoy llamamos Inteligencia Artificial a la ciencia e ingeniería para la creación de máquinas inteligentes. Se divide en dos campos: el biológico, que trata de que las máquinas resuelvan problemas o situaciones mediante el aprendizaje de la psicología y fisiología humanas; y el fenomenológico, basado en el estudio y formalización de hechos de sentido común sobre el mundo y sobre los problemas que se presentan para la consecución de metas. La IA es una parte de la informática que pretende desarrollar sistemas electrónicos que imiten ciertas características de la inteligencia humana. La inteligencia artificial pretende dotar a las máquinas de aptitud deductiva, creatividad y capacidad de tomar decisiones basadas en experiencias pasadas o estímulos que no estén previstos en el código de la máquina. Uno de los primeros pasos en este campo fue el intento de dotar a los ordenadores con la capacidad de entender el lenguaje natural. Hoy la Inteligencia Artificial se emplea cada vez más en:

a. sistemas de lógica difusa
b. sistemas de reconocimiento de voz
c. juegos de ordenador
d. robótica
e. sistemas expertos para que un ordenador pueda tomar decisiones en situaciones reales
f. lenguaje natural
g. redes neuronales

Ken Feingold ha explorado las posibilidades artísticas de la Inteligencia Artificial, especialmente en lo que se refiere a las técnicas de reconocimiento y síntesis de voz, explorando de esta manera las implicaciones sociales y culturales de la investigación en IA. Ha creado obras como *Séance Box n 1* (1998-9), *Head* (1999-2000), *If/Then* (2001), *Sinking Feeling* (2001), *Self -Portrait as the Center of the Universe* (1998-2001), *The Animal, Vegetable, Mineralness of Everything* (2004), *You* (2004), *Eros and Thanatos at Sea* (2004) que incorporan cabezas animatrónicas mecanizadas y hacen uso del reconocimiento del habla, procesamiento del lenguaje natural, algoritmos de conversación o personalidad, o *software* para el habla sintética.

Por ejemplo, en *If/Then* dos cabezas humanoides están sentadas en una caja rodeada de *porexpan* para almacenar objetos. Tal como él comenta quería "que pareciesen partes a sustituir que fueron enviadas desde la fábrica y que de repente salieran y empezaran una especie de diálogo existencial en medio de la cadena de montaje". Las cabezas están involucradas en un diálogo cambiante debatiendo sobre temas filosóficos de su existencia. Su conversación basada en un conjunto de reglas y excepciones apunta a temas básicos de la comunicación humana: basándose en estructura sintáctica y cadenas de palabras en sus respectivos manifiestos, la comunicación entre cabezas puede parecer condicionada, limitada y aleatoria (tal como las conversaciones humanas a veces) pero subraya los metaniveles de significado creados por la comunicación fallida, los malos entendidos y los silencios. El diálogo entre cabezas desvela elementos cruciales de las bases de la estructura sintáctica y la manera en que construimos significado, con resultados extremamente poéticos a veces. Como comenta Feingold:

Mi aproximación a la pregunta por la IA tiene que ver más con la naturaleza de la comunicación humana y la personalidad, y pensar sobre nuestros comportamientos que, de alguna manera, tienen que ver con la ausencia de pensamiento, cuando las palabras no significan nada excepto valores asociativos, cuando la memoria tiene sólo algunos momentos de duración, cuando somos automáticos.

De ahí proviene su interés por investigar las implicaciones sociales y culturales de la investigación en Inteligencia Artificial, y por ello ya en 1993 desarrolló su pieza *Where I can see my house here so we are* a partir de la cual surgieron algunas de las ideas que estructuraron su proceso de investigación artístico, tales como por ejemplo ¿Qué "conoce" un carácter artificial? ¿Puede aprender? ¿Qué comprende sus sistemas de "creencias" o su sistema de "verdades"? ¿Qué cualidades pueden crear su personalidad (su sentido del humor, sus neurosis)?

Otro proyecto, *n-cha(n)t* (2002), como dice su autor David Rokeby, "nace del deseo de oír hablar a una comunidad de ordenadores". Parte de su trabajo anterior *The Giver Names* que es un agente inteligente que viene a ser una entidad subjetiva con una cierta facilidad por el lenguaje. A partir de aquí Rokeby crea una comunidad donde estos agentes inteligentes están enlazados a una red donde se intercomunican, y a través de eso sincronizan sus estados mentales internos. Si se les deja comunicar entre ellos acaban consensuando unas frases que son repetidas al unísono como si se tratara de una oración. Cada entidad está equipada con un micrófono y un programa de reconocimiento de voz. Cuando alguien habla a través de alguno de los micrófonos nuevas palabras distraen el sistema provocando un cambio en el estado mental de la entidad de forma que ese individuo se desmarca del resto y rompe la oración. En la medida que están interconectados el disenso entrante se transmite al resto hasta convertirse en caos de voces dispersas hasta que vuelven a sincronizarse. En *n-cha(n)t* hay dos niveles de interactividad, una entre los miembros de la comunidad artificial de sistemas y la interacción entre los individuos de esta comunidad y los visitantes de la instalación.

¿Hacia la vida artificial?: 'a-life art'

Tal y como dice Christopher G. Langton, la vida artificial es "el estudio de los sistemas de creación humana que exhiben conductas características de los sistemas vivientes naturales", y nace de las viejas aspiraciones de reproducir las propiedades de la vida mediante la intersección de la ingeniería robótica, la informática y la biología, creando así un campo transversal de investigación. La importancia de los hitos propuestos y el interés que suscita la investigación pionera despierta la imaginación de los artistas, que ven, de esta manera, cómo se acerca la idea de la unión del arte a la vida, con la generación de sistemas de vida artificial que se convierten en procesos artísticos evolutivos.

William Latham y Karl Sims fueron de los primeros en adoptar la vida artificial para sus creaciones artísticas. *Ars Electronica* dedicó en 1993 un festival entero a la temática y en 1999 se creó el concurso VIDA patrocinado por la Fundación Telefónica. En un principio los artistas se focalizaron en la evolución artificial luego en simulaciones de ecosistemas, autómatas celulares, comportamiento en robótica. Algunos trabajos expresan tendencias futuristas, otras aproximaciones críticas a la vida artificial, otros se apropian de las tecnologías para alterarlas para sus preocupaciones conceptuales. Unos trabajos buscan autonomía autosuficiente, otros buscan la autonomía para provocar empatía y reflexión sobre lo humano, otros como forma de interactividad que activa a la audiencia en una interrelación activa, otros se centran en los procesos *a-life*. Unos crean mundos artificiales, otros buscan una relación dinámica con el mundo físico de afuera. En definitiva podemos decir que hay muchas variedades.

Encontramos una práctica artística muy interesante en *Interactive Plant Growing* (1992-1994), donde Christa Sommerer y Laurent Mignonneau usan principios, motivaciones e ideas que provienen de la biología para crear obras de arte interactivas. En esta instalación integran vida artificial y vida real a través de una interfaz natural y la creación evolutiva de imágenes vinculada a la interacción entre hombre y ordenador. Para ello disponen cinco plantas reales sobre unos pedestales en frente de una gran pantalla en la que se visualizan los resultados de la interacción (al tocar las plantas) mediante la proyección de imágenes en movimiento que muestran el crecimiento virtual de las plantas. Este crecimiento se desarrolla, se regula y se controla gracias a la interfaz vegetal, la cual capta, a través de unos electrodos instalados en las raíces de las mismas, los impulsos eléctricos enviados por los usuarios al contactar con las plantas.

En las imágenes proyectadas en la pantalla aparecen diferentes especies que van evolucionando en función de la interacción de los usuarios (reaccionando al modo particular en que interaccionan), mientras crean una jungla artificial articulando una relación entre el entorno real y el virtual. El aprendizaje del control de las plantas virtuales se establece a través del desarrollo de una interrelación tactual y gestual con las plantas reales. De esta manera, dicen sus creadores, "debido al tiempo que se hace necesario para el usuario el descubrir los diferentes niveles de modulación y construcción de las plantas virtuales, éste desarrollara una sensitividad y una conciencia sobre las plantas reales".

Con posterioridad crearon otras obras como *A-Volve*, en el que los artistas crearon un estanque virtual en el que habitan unas criaturas virtuales semejantes a las medusas. Los usuarios pueden interactuar con ellas, crear nuevas criaturas y procurar por su desarrollo y alimentación así como las criaturas mismas evolucionan también en función de sus características específicas, el diseño de su morfología y por ello la facilidad o dificultad para moverse en el estanque, y el entorno y los depredadores. Se trata de un ecosistema complejo en el que las criaturas, con su genoma artificial, se desarrollan exhibiendo comportamientos tales como evitar las colisiones con los otros seres, depredación, apareamiento o protección de los padres.

En este caso el sistema de vida artificial está abierto a la interacción con los usuarios que intervienen en el entorno diseñando nuevas criaturas y ayudándolas o perjudicándolas efectuando las labores de selección sobre las mismas. La instalación está preparada para detectar los movimientos de los usuarios sobre el estanque y enviar esta información al estanque virtual en el que las criaturas virtuales reaccionan al instante al procesar los movimientos enviados. La identificación con las criaturas creadas por los usuarios es inevitable y de esta forma esta identificación se retroalimenta con el espacio real de la instalación provocando la comunicación y la interacción entre los visitantes. En la misma dirección crearon otras piezas como *Trans Plant, Intro Act, Life Spacies* (1997) en el que los humanos actúan como creadores y selectores en ecosistemas artificiales inmersivos tanto en espacios simulados como en espacios en red como en *Life Spacies*. De esta manera queda trastocada la misma definición de arte, entendido ahora como un proceso más que como un objeto artístico, y donde predomina la investigación en torno a la comunicación entre obra e interactor.

ARTE Y ROBÓTICA

El propósito de este capítulo es establecer algunas de las interrelaciones entre arte y robótica a través del imaginario de la consecución de un cuerpo mecánico, uno de los ideales más antiguos de la humanidad. Para ello trazaremos un recorrido en el que partimos de una arqueología de los robots y los autómatas populares, donde ubicamos algunas de sus figuras míticas así como aquellas que son resultado de la ciencia ficción contemporánea. Con posterioridad avanzaremos en las fantasías asociadas a la creación de entidades híbridas entre humanos y máquinas, así como los ideales asociados a lo que vino a llamarse como Post-humanismo. Finalmente realizaremos un recorrido por las prácticas artísticas que a lo largo de la historia fueron apropiándose de las tecnologías robóticas, trabajando críticamente en las fantasías y temores asociados a tales tecnologías en la cultura popular.

Arqueología de robots y autómatas populares

La palabra robot es de origen checo y proviene de la palabra *robota*, que quiere decir trabajo forzado, y *robotnik*, que quiere decir sirviente. Suele decirse que quien le atribuyó por primera vez este nuevo significado a la palabra, entendida ahora como sirviente automatizado, fue el escritor Josef Capek hacia 1917, en una breve historia titulada

Opilec. No obstante según explica el propio hermano de Capek, Karel, el término lo inventó Josef para que lo utilizase Karel en una novela que estaba escribiendo.

Capek, dentro de su novela llamada *Rossum's Universal Robots* explica la historia de un científico que inventa los robots para ayudar a la gente a hacer tareas repetitivas. En el momento en que los robots llegan a ser usados como soldados para luchar en las guerras, estos se vuelven en contra de los humanos y toman control sobre el mundo.

Hoy en día hay robots por todas partes, nos los encontramos sobre todo en las cadenas de montaje de las fábricas, o haciendo tareas de precisión o riesgo extremo para los humanos, y cada vez más en entornos domésticos conviviendo con los seres humanos. Los robots reales hace ya mas de 50 años que están entre nosotros, aunque la idea hace bastante tiempo que esta presente en el imaginario colectivo. Recordemos que Homero ya hablaba de doncellas de oro, o ayudantes mecanizados construidos por Hefestos el dios guerrero de los metalúrgicos por ejemplo.

Así que cuando hablamos de los robots hablamos de aquellas máquinas mecánicas que a lo largo de la historia han ido apareciendo o bien como robots míticos (soñados, imaginados, proyectados por los humanos pero no realizados materialmente), robots mecánicos (las primeras aproximaciones a los robots, más bien como autómatas mecanizados), como robots electromecánicos (incorporando la electrónica en el control de los mecanismos) y finalmente como robots controlados por ordenador (que a los componentes electromecánicos le incorporan "el cerebro" o el ordenador como procesador)

Los robots reales, tal como los entendemos hoy, no fueron posibles hasta 1950-1960 con la invención de los transistores y circuitos integrados y el desarrollo de la electrónica y la industria de las computadoras, que hizo posible añadir el "cerebro" a las maquinas autómatas antes existentes. Así hoy podemos decir que un robot es una maquina programable que imita acciones o la apariencia de inteligencia humana (u otro animal). Y que para ser cualificado como tal debe poder tomar información de su alrededor, y/o hacer algo físico como mover o manipular objetos.

De alguna manera la fascinación pública masiva por los robots no surgió hasta la década de los 80 en parte gracias a películas como *La guerra de las galaxias* de George Lucas, con robots como C3PO o R2D2, o la impactante película *Blade Runner*, de Ridley Scott, y sus famosos replicantes ciborg. Pero después el interés por los robots bajo en cuanto se descubrió lo difícil que era conseguir que los robots hicieran cosas y por lo tanto lo lejos que quedaba el cumplimiento de las expectativas depositadas en las utopías generadas a raíz de los robots y la robótica impactando en la imaginación colectiva.

No obstante hoy resurge el interés hacia estos gracias a la existencia de procesadores de ordenador más rápidos y baratos que son capaces de generar robots más inteligentes y menos caros, con muchas mas funcionalidades y menos costosas tanto a nivel técnico como a nivel económico. Tal como comenta Erkki Huhtamo,

> *la maquina como artefacto físico siempre está acompañada (y a veces precedida) por la máquina como formación discursiva. El "imaginario de la automación" fue moldeado en*

gran parte por los significados popularmente asociados a esos artefactos "familiares pero extraños" como los robots industriales y las supercomputadoras. Sin embargo, la moda de las "cosas automáticas" se extendió a otros campos más accesibles, como los electrodomésticos y la educación (maquinas de enseñanza) que al menos nominalmente acercaron la automatización a la gente. El "ama de casa automatizada" y el "Sócrates autómata" son dos de las múltiples manifestaciones discursivas de este proceso. El discurso sobre automatización también se fundió con otros discursos, como por ejemplo los relacionados con el consumismo y la modernidad, que dominaban la mentalidad popular en el mundo industrializado posterior a la II Guerra mundial. Los medios de comunicación, la prensa, el cine y la novedad de la época, la televisión (una pieza de tecnología semiautomática) desempeñaron un papel esencial en esta propagación.

HUHTAMO, Erkki. "De la cibernetica a la interacción", dentro de: GIANNETTI, Claudi; ANTÚNEZ Marcel·lí. *Epifania*. Ed. Fundación Telefónica, Madrid, p. 17.

Como sistema artificial autorregulador, el robot industrial era, junto con el ordenador, el símbolo fundamental de la automación. Obviamente sus raíces se remontaban mucho mas allá, hasta la era mecánica. En un relato fantástico típico de los años cincuenta, en un reportaje de la revista *Mechanix Illustrated* en 1955, el robot desempeñaba dos funciones. En primer lugar, estaban las "fabricas robotizadas, completamente automatizadas, sin un solo trabajador humano en su interior". En segundo lugar, estaba el kit del robot "constrúyase usted mismo su propio robot: El kit incluye piezas y herramientas completas para que usted se construya su propio robot de metal, con una batería atómica garantizada durante un siglo. El robot escucha y obedece todas las ordenes, y puede convertirse en su sirviente. Los solitarios pueden enseñarle a jugar ajedrez o a las cartas, e incluso también a bailar".

El imaginario generado en torno a los robots tenía la misma presencia pública que la fantasiosa percepción popular alrededor de los ordenadores, las supercomputadoras, que devenían seres mitológicos en tanto en cuanto se hallaban alejados de la sociedad precintados en salas frías y sin apenas contacto humano, como si se tratara de un oráculo de los antiguos griegos. No obstante, los desarrollos posteriores y el impacto popular ocasionado en ambas direcciones son significativamente diferentes. Hoy la penetración de los ordenadores personales para uso doméstico es realmente muy alto en las sociedades occidentales, en una dirección que hoy resultaría bastante sorprendente para los futuristas de los años 50, y en cambio el papel de la robótica dista todavía mucho de aproximarse al ideal utópico del "sirviente automatizado" y todavía hay mucho de especulativo entorno a las desmesuradas expectativas depositadas en estos.

Lo cierto es que aunque la mayoría de los robots están diseñados para hacer tareas específicas (la mayoría son robots industriales) el objetivo a largo plazo continúa siendo el de crear robots universales, robots lo suficientemente flexibles como para hacer todas las tareas que los humanos pueden hacer. En octubre del año 2000 las Naciones Unidas estimaron que había 742.500 robots industriales en activo en todo el mundo donde más de la mitad de estos eran utilizados en Japón, y juntos representaban el 90% de los robots.

La tarea del robot universal se nos vuelve una tarea desmesurada debido a la cantidad de atributos, y la complejidad de los mismos, que debería tener para poder llevar a cabo las mismas tareas que realizamos los humanos. El robot universal debería ser capaz de moverse, de poder pensar y aprender, de tener sentidos para percibir el entorno y conciencia de sí mismo y llevar a cabo una gran variedad de trabajos. Una empresa monumental que actualmente llevan a cabo, divididos en múltiples especializaciones, una ingente cantidad de investigadores en todas partes del mundo, elaborando desarrollos y aplicaciones en torno a la composición básica de los robots: los actuadores (que permiten el movimiento), los sensores (que permiten la recopilación de datos externos) y el procesador (o la unidad central de operaciones, decisiones: el "cerebro").

Haciendo un repaso a la historia podemos recoger todo un conjunto de artefactos y mitos que se aproximarían a aquello que hoy entendemos como robot y que excita nuestra imaginación permitiendo la conexión de la naturaleza de las máquinas con los sueños humanos de inmortalidad. La búsqueda de la esencia de la vida motiva a investigadores de todas partes, y de la misma manera a lo largo de la historia de la humanidad también podemos encontrar multitud de aproximaciones a este imaginario desde la fantasía o desde la mitología.

El primer robot mítico del que hay constancia en la Grecia antigua fue el famoso Talos, construido por Hefestos, dios de la Metalurgia, como un regalo a Minos, rey de Creta. Era un robot hecho todo de cobre, de enormes proporciones y a semejanza de las formas de los humanos. Era el encargado de proteger Creta y se cuidaba de vigilar el correcto cumplimiento de las leyes. Podía correr muy deprisa y dar tres vueltas a la isla en un solo día. También podía lanzar rocas muy grandes contra los enemigos de Creta, o quemarlos con su aliento abrasador.

Tal como se explica en el mito, cuando los Argonautas volvieron de sus viajes, se encargaron de destruir a Talos con el poder mágico de Medea. Medea se encargó de generar una gran confusión en Talos que provocó el que se lastimara a sí mismo de forma grave en su pierna. La sangre brotó a borbotones de su pierna herida a partir de su única vena como si se tratase de metal líquido. Otra versión del mito dice que Poeas (el padre de Filoctetes) le disparó una flecha a la pierna de Talos y al quitar la saeta surgió "icor" la sangre de los dioses brotando sin cesar.

Pero a parte de estas elucubraciones del mundo mitológico y fantástico, el terreno imaginario también ha llegado a materializarse a lo largo de la historia con interesantes intentos documentados y de los cuales solo tenemos constancia través de relatos o ilustraciones. Por ejemplo hay noticias de autómatas desarrollados en Grecia y en China hacia los años 300 o 400 aC, y a pesar de que hay documentación escasa se sabe que los autómatas datan de miles de años atrás.

Hay constancia de que los artesanos chinos crearon una orquesta mecánica durante la dinastía Han (300aC). Con posterioridad este tipo de autómatas fue expandiéndose durante los tiempos de las dinastías Sui (Siglo VI dC) cuando el *Shai Shih t'u Ching* fue escrito (el *Libro de las excelencias hidráulicas*). Más adelante, durante la dinastía T'ang, se llegaron a construir pájaros con partes móviles, o nutrias mecánicas que podían tragar peces. No obstante no sabemos a ciencia cierta cuáles eran realmente las funcionalidades de los autómatas descritos en los documentos conservados.

También los griegos antiguos crearon importantes autómatas así como efectos especiales mecánicos que fueron usados con posterioridad en sus templos o para las representaciones de sus tragedias. Es posible que el filósofo y matemático Arquitas de Tarento (400 aC) llegase a construir una paloma de madera que se movía mediante vapor y que podía mover las alas y hasta alzar el vuelo. También hacia el 270 aC un ingeniero de la antigua Grecia llamado Ctesibus construyó órganos y relojes de agua con figuras móviles, y mas tarde, otro griego, Herón de Alejandría, describe con detalle los tareas y funcionalidades de diversos pájaros autómatas en su *Spiritalia* (150 aC) y se dice que creó un teatro mecanizado. Finalmente también se nos aparece en diversos relatos la figura del legendario médico Galeno, que llegó a diseñar un modelo neumático del cuerpo humano.

Después del declive de los imperios griegos y romano, el interés por el desarrollo de los autómatas se reubicó en Mesopotamia. En el siglo XIII dC al-Jazari dibujó un diagrama de un autómata pavo real en sus tratados. Al-Jazari era un científico musulmán del siglo XIII que creó una fuente a semejanza con un pavo real que simulaba estar vivo, así también creó un reloj elefante que funcionaba con diversas operaciones mecánicas.

Leonardo da Vinci en 1495 ya dibujó planes para un hombre mecánico, y a lo largo de la historia de occidente también encontramos poetas y artistas que han imaginado quimeras de todo tipo, golems, androides, mandrakes o monstruos, como el caso del monstruo del Dr.

Frankenstein de Mary Shelley, Olimpia de E.T.A Hoffman, Stilla de Jules Verne, el robot de *Metrópolis* de Fritz Lang o los emblemáticos androides con sentimientos de *Blade Runner* de Ridley Scott, o hasta los simpáticos robots R2D2 y C3PO de *La guerra de las galaxias*, de George Lucas.

Pero no es hasta principios del siglo XVI que no hay constancia de creaciones como las de Hans Bullman, que inventa los primeros androides, personajes animados que simulan estar "vivos" y que pueden llegar a tocar instrumentos y ejecutar música para el deleite de los clientes que pagaban por su actuación. O en 1533 al académico Johann Müller, apodado Regiomontanus, se le atribuyó la creación en su laboratorio de Nuremberg de una mosca de acero y una águila artificial que podían alzar el vuelo, tal como se asegura que también llegó a hacer la cucaracha de madera construida por John Dee en 1543 para una producción universitaria de la pieza teatral *Pax* de Aristofanes.

Después, a partir del siglo XVII, con la invención del reloj y su comparación con el funcionamiento del cuerpo humano, se suceden los intentos de llegar a materializar este viejo sueño de la humanidad; el mecanicismo entró de lleno en los sueños utópicos de los inventores de autómatas. Por ejemplo, en 1615, Salomon de Caus publicó una interesante colección de planes para autómatas. Más adelante, en 1640, dice la leyenda que Rene Descartes construyó un autómata que lo bautizó con el apodo de "Ma fille Francine", del cual desgraciadamente no tenemos demasiados detalles aunque se dice que fue lanzado por la borda por el capitán del barco en el que viajaba debido a supersticiones en la navegación.

Las sospechas y desconfianzas que siempre han infundido los robots en la población son patentes en lo sucedido a otro gran inventor como Jacques Vaucanson que mientras recibía formación como jesuita se le ocurrió crear unos ángeles mecánicos voladores que provocaron su expulsión de la orden. Con posterioridad, en 1737, Vaucanson creó un músico mecánico que podía llegar a tocar hasta once canciones diferentes. También en 1739 crea un pato automático, del cual tenemos ilustraciones y descripciones que dan cuenta de ello, que podía mover los ojos, los labios y los dedos, beber, comer, pedalear en el agua y hasta digerir y excretar como si se tratase de un pato vivo, al menos en apariencia. También hay figuras como la del Barón Wolfgang von Kempelen (1734-1804) que creó una máquina parlante y un jugador de ajedrez, aunque diversas fuentes aseguran que luego se reveló que no era un autómata sino un enano escondido debajo los mecanismos que iba accionando las palancas del jugador.

Fue entonces cuando La Mettrie publicó su famoso tratado *L'homme machine* y en 1774, en la exposición universal, Pierre Jacquet-Droz presentó un androide que era capaz de escribir *cogito, ergo sum* delante de los ojos incrédulos de sus espectadores. El mecanicismo y el inicio de la era industrial estaban empezando a tomar fuerza, el optimismo tecnológico y la confianza en los valores positivos de la industria empuja el desarrollo de la ciencia y las tecnologías.

Acto seguido se establecen los inicios del paso de la mecanización a la automatización. En 1801 Joseph-Marie Jacquard inventa un método para controlar los telares usando cartas con agujeros pinchados en ellas, cartas que definían los patrones y facilitaban enormemente el funcionamiento de los telares. Este fue un invento realmente significativo para la producción en la industria textil pero a su vez un paso que inspiró ulteriores desarrollos de máquinas automáticas. Los desarrollos de Jacquard dan pie a que en 1833 Charles Babbage empiece a trabajar en su máquina analítica, una de las primeras maquinas computacionales. Así más adelante en 1847, George Boole inventa la lógica simbólica que mas tarde será utilizada extensamente en las computadoras.

Al fin y al cabo todos estos ejemplos muestran el interés que despiertan los robots en el imaginario humano, y por esto es importante destacar los predecesores robóticos del ya conocido Deep Blue, de la compañía IBM, el superordenador que sacudió nuestras mentes hace unos años y que estaba preparado para jugar y vencer al ajedrez a cualquier campeón del mundo por experto que este sea. Así ya en el siglo XIX encontramos las primeras aproximaciones de la mano de creadores como Wolfgang von Kempelen, con su "jugador turco automatizado capaz de jugar a ajedrez", o también Leonardo Torres de Quevedo con el jugador de ajedrez construido en 1890, que podía forzar un jaque mate si era la máquina quien empezaba. De momento, respecto a los ordenadores como sistemas de cálculo de operaciones pudimos ver como en mayo de 1997 el campeón del mundo de ajedrez Garry Kasparov perdía frente a la supercomputadora de IBM Deep Blue.

Lo que queda claro es que a lo largo de la historia el intento constante por crear robots o sirvientes "mecanizados" deviene espacio simbólico que refleja el nivel de desarrollo tecnológico y actualiza el reto por crear una vida artificial a semejanza de la de los humanos.

Hoy existen robots especializados de todo tipo, mientras también persiste el ideal de un robot universal que pudiera asemejarse al máximo a un humano. Pero en 1989 el director del MIT Artificial Inteligence Lab, Rodney Brooks, publicó un artículo de gran importancia titulado "Fast, Cheap and Out of Control", que inicia una nueva era para la creación de robots en la que los académicos se empiezan a concentrar en la creación de robots pequeños, inteligentes y útiles para tareas especializadas, más que en la creación de simulación de un humano al completo.

En esta dirección encontramos otros sistemas de inteligencia artificial como son los mecanismos de estímulos y respuestas (*subsumption architecture,* según Rodney Brooks del MIT). Un robot con sistema estimulo-respuesta (e-r) no tiene memoria ni toma decisiones lógicas, solo responde al nivel del *hardware* frente a la estimulación. Esto puede crear comportamientos que parecen inteligentes. El robot COG del MIT es un humanoide e-r diseñado para aprender del entorno como si se tratase de un niño. Científicos como Hans Moravec piensan que la IA evolucionará mucho gracias a la ley de Moore, que postula que los microchips doblarán su capacidad de proceso cada 18 meses (y que de hecho la historia ha confirmado cómo esta ley se ha quedado corta).

Para Hans Moravec hay cuatro estadios hacia los robots universales, estadios que se basan en el incremento de la capacidad de procesamiento de millones de instrucciones por segundo de los procesadores (en 1990: 100 mips). Según sus predicciones en base al incremento de velocidad de los procesadores fabricados en el 2010, podremos procesar 3000 mips, es decir llegar a la inteligencia de un lagarto; en el 2020, 100.000mips, la inteligencia de un ratón; en el 2030 podremos procesar 3.000.000 mips, que equivale a la inteligencia de un mono, y no será hasta el 2040 que podremos procesar 100.000.000 mips, que equivaldría a la inteligencia de los humanos.

Fantasías ciborgs y post-humanismo

Los ciborgs son criaturas híbridas, no solo como cruce entre una máquina y un organismo sino también como constructo donde se funden juntas las percepciones y las proyecciones sociales e individuales, las realidades y las ficciones. Donna Haraway en su *Manifiesto Ciborg* (1991) dice que un ciborg es un organismo cibernético, entendido como híbrido entre máquina y organismo, una criatura real y a su vez de ficción pero la pregunta que debemos hacernos nosotros es ¿qué es lo que nos explican las configuraciones ciborg sobre nuestra propia imagen del hombre? ¿Cuáles son las concepciones del cuerpo y del hombre que llevan implícitas las diferentes configuraciones ciborg?

En 1960 Manfred E. Clynes y Nathan S. Kline, a raíz de un programa de la NASA, dieron nombre al "ciborg", entendido como el resultado de imaginar al hombre del futuro, un humano capaz de sobrevivir en el espacio exterior. La diferencia esencial con el astronauta eran los aparatos técnicos que equipaban al cuerpo humano, dotándolo de habilidades y funciones suplementarias, garantizando su habilidad para sobrevivir, integrándose en su cuerpo y fundiéndose orgánicamente con todo ello. Para Donna Haraway, *un ciborg existe cuando hay dos clases de límites problemáticos: entre animales (y otros organismos) y humanos, o entre máquinas autocontroladas y autogobernadas (autoras) y organismos, especialmente humanos (modelos de autonomía). El ciborg es una figura nacida de la interfaz entre el autómata y la autonomía.*

HARAWAY, D. *Primate Visions. Race, gender and nature in the world of Modern Science.* New York, 1989, p. 139

Mientras las fronteras entre animal y humano, o tecnológico y humano, resten claramente marcadas esto no tiene consecuencias para los humanos, pues mantienen la ilusión de mantener el poder de control sobre los animales y las máquinas en sus manos. Pero los ciborgs, actuando en las fronteras o límites de estas divisiones binarias, muestran que estas fronteras son permeables, y en consecuencia el peligro acecha en la disolución de las categorías que organizan lo real.

Las tecnologías de información y comunicación afectan a nuestros cuerpos y por lo tanto a la percepción; el arte de los nuevos medios es precisamente el espacio donde estas cuestiones transcurren y pueden pensarse, pues a partir de sus prácticas emergen tanto las promesas como los miedos asociados tanto al imaginario utópico como a los fatalismos envolventes. Las discusiones posthumanistas de principios de años 90 todavía no han terminado. Después de las predicciones que auguraban un cuerpo entendido como máquina han emergido nuevas nociones de las entidades corporales como entidades dinámicas, emergentes o como flujos comunicativos de información. Se plantea el cuerpo como conjunto de códigos interconectados interactuando entre sí.

En el campo del arte de los nuevos *media* proliferan las promesas que deambulan en el terreno de esta disolución de fronteras, se trata de las "promesas de monstruos", promesas de superación de las debilidades asociadas a la existencia biológica, particularmente a la fragilidad y mortalidad del cuerpo humano. Por ello mismo existe una profunda vinculación entre las tecnologías digitales y las tecnologías genéticas, y esta vinculación se entiende como un paso más en la sugestiva promesa que nos lleva a hacer posible el descubrimiento y la reproducción de la formula de la "vida" y por lo tanto la plena posesión del cuerpo.

Al final de los años 60 y los 70 ya surgió el *body art* que recupera el cuerpo en tanto que imagen para abordar un conjunto de experiencias relacionadas con el ejercicio físico, la manipulación genética, la cosmética, la sexualidad, el placer. Con posterioridad esta imagen del cuerpo como refugio de autenticidad se ve retocada para transformarse en una concepción del cuerpo que representa los aspectos dominantes de una sociedad anclada en la industria de la imagen, la ilusión y falsedad. Exposiciones como *Post Human*, *Périls et Colères*, *Désordres*, *L'art au corps*, *Corporal Politics* o *Sensation: Young British Artists from the Saatchi Collection*, que obtuvieron un gran impacto en la sociedad, muestran esta visión del cuerpo. Y así también sucede en artistas como Cindy Sherman en las series *Disaster* o *Disgust Pictures*, los fragmentos corporales de Robert Gober, las *performances* de Paul McCarthy, que actúan como muestrario de la insatisfacción respecto al modelo establecido por la cultura.

Encontramos cuerpos transgredidos, cuerpos hibridados, cuerpos fluidos, cuerpos idealizados, cuerpos extendidos, cuerpos monstruosos, cuerpos digitales o en red, cuerpos como software. Estas son algunas de las diferentes concepciones del cuerpo en el arte y la sociedad de los nuevos medios, cuerpos atravesados por la tecnologías de información y comunicación y el potente imaginario adscrito a las ciencias. ¿Que imágenes y fantasías del cuerpo están contenidas en el arte de los *media*? ¿Que influencia tienen las nuevas tecnologías en el cuerpo y en su percepción? Pensamos en los ciborgs, no solo como organismos cibernéticos, sino como espacios en los que tienen lugar las más extravagantes fantasías depositadas sobre los cuerpos.

Stelarc, por ejemplo, considera su cuerpo como una estructura modificable y manipulable, abierta a cualquier modificación por la voluntad artística, y para ello sigue una serie de experimentos en donde con la ayuda de varios procesos somete la estructura y el funcionamiento del cuerpo a exploraciones sistemáticas dedicadas a extender y expandir el cuerpo en el espacio. Investiga los avances en robótica, medicina o informática y los incorpora en la medida que le sirvan para su programa de experimentación. Un programa que examina, expone y extiende las funciones del cuerpo no con la intención de mejorarlo sino de substituirlo progresivamente. Para Stelarc se hace necesario redefinir al "cuerpo obsoleto" pues el cuerpo mismo se ha convertido en una malfunción, muestrario de nuestra imperfección.

Este se dio a conocer con sus "suspensiones" entre 1976 y 1989 en donde el artista se colgaba de unos ganchos de acero clavados a su piel a fin de suspender su cuerpo en cuerdas en diferentes lugares y en posiciones cambiantes. No obstante no se reconoce como partícipe de la tradición representativa del *body art* y habla del "cuerpo en dolor" como su material artístico preferido. Por ello comenta:

> *Las imágenes son inmortales, y los cuerpos son efímeros. El cuerpo se encuentra a sí mismo, cada vez es más difícil corresponder a las expectativas de las imágenes. En el reinado de las imágenes múltiples y metamorfoseadas, la impotencia del cuerpo físico es aparente. El cuerpo no actúa mejor que su imagen. La realidad virtual permite una trasgresión de las fronteras entre macho/hembra, hombre/maquina, tiempo/espacio. El yo esta situado detrás de la piel. Lo que implica ser humano no es ser inmerso en la memoria genética sino ser reconfigurado en el campo electromagnético del circuito. En el reinado de la imagen.*

El cuerpo de Stelarc se convierte en la prótesis, un huésped de la experimentación tecnológica, y en *The third hand*, lo que parecería un cuerpo amplificado con nuevas funciones se convierte en un cuerpo reorganizado en inusuales disfunciones pues no solo se mueve a través de los impulsos de sus extremidades inferiores, lo cual fuerza al cuerpo a reconsiderar completamente su razonamiento cinético, sino que además envía impulsos de control de vuelta al cuerpo. Es el tercer brazo el que controla al resto del cuerpo, como si de un parásito se tratara. Stelarc plantea la fusión humanidad-ciborg a través de sus performances, con su *The third hand* (1981), un brazo robótico que se adhiere al cuerpo como prótesis tendida que le permite llevar a término una impactante performance denominada *Hands Writing* (1982) en la que escribe "*EVOLUTION" con las tres manos a la vez, en clara muestra de sus planteamientos utópicos (¿o no?) de humanidad hibridada con las máquinas.

En *Third Ear* crea una oreja sintética que funciona como emisor y receptor de radio, conectada a internet en dialogo con las otras dos orejas. En *ping body* el cuerpo está conectado a internet permitiéndole así ser estimulado por usuarios de todas partes del mundo. En *Amplified body* diversos sensores repartidos por el cuerpo captan las ondas cerebrales, contracciones musculares, el pulso y la presión arterial que son electrónicamente amplificados y usados para controlar un complejo aparato de luces y sonido.

Así mismo, desde Barcelona, Marcel·lí Antúnez, miembro fundador de la Fura dels Baus, trabajó en colaboración con Sergi Jordà para crear *Joan, el hombre de carne* (1992) un robot de aspecto humanoide vestido con piel de cerdo y sensible al entorno sonoro donde se instala, cosa que provoca reacciones bastante interesantes cuando los espectadores interactúan con el robot. Después Marcel·lí también ha continuado explorado las relaciones entre artes escénicas y robótica en otros espectáculos como *El mecatrónico Pol*, dónde se mezcla robótica, realidad virtual y multimedia hacia un arte total. Al fin y al cabo se trata de fusiones e hibridaciones con las artes escénicas, las *performances* y las artes visuales en general, como también sucede con las creaciones de Margo K-Apostolos, un artista que trabaja en coreografías para robots estudiando la dimensión estética de los movimientos robóticos, caminando hacia una nueva "ciencia sensual de las máquinas", tal y como dice él mismo.

Marcel·lí Antúnez, Klaus Obermaier, Stelarc, Gunter Von Hagens, Orlan, Victoria Vesna, Lynn

Hershman, Tina laPorta, Eduardo Kac, Stahl Stenslie, Kazuhiko Hachiya son algunos de los artistas que han trabajado con el cuerpo como tema central en sus prácticas. Y lo hacen desde diferentes planos de acción en donde el cuerpo se proyecta en el ciberespacio y el espacio virtual, o al revés, la tecnología y el ciberespacio se proyectan en el cuerpo que recibe sus influencias.

En el caso de Orlan existe también una subordinación a las imágenes, que devienen superiores a los cuerpos reales y que son entendidas como punto de partida del proyecto de largo recorrido que comenzó en 1990 a través de *La reencarnación de San Orlan*. De esta manera Orlan junta retratos de mujeres conocidas en la historia del arte por su feminidad y generar un "retrato ideal", que no deja de ser "monstruoso".

Mediante cánones de belleza diferentes al establecido, aunque con una operativa sin diferir demasiado con las operaciones quirúrgicas para retocarse el tamaño de los pechos en función de las ideas de belleza predominantes, Orlan procede a su reconstrucción. La feminidad idealizada en el arte sirve como modelo para el rediseño de la propia cara del artista con la ayuda de una serie de operaciones cosméticas. Se lleva a cabo la informatización y particularización del cuerpo, como elemento característico de la conversión en ciborg. El credo de Orlan es "mi cuerpo es un software" y en su reencarnación en santa Orlan procede de manera radical cuando las mismas operaciones se convierten en parte de la práctica expuesta al público en su totalidad.

Y así si Orlan se queda en la superficie del cuerpo Stelarc se funde con las tecnologías para afirmar que la carne está obsoleta y debería dar paso al cibersistema, como nuevo proyecto de cuerpo. Cuerpo extendido en expansión de las funciones de sus miembros y órganos mediante mecanismos robóticos, prótesis que amplifican movimientos y gestos, o mediante redes telemáticas o mediante capacidades cognitivas aumentadas. Una construcción de un metacuerpo que implica un plano de consistencia de las singularidades que deshace todas esas distinciones genérico-específicas y orgánico-funcionales (un cuerpo sin órganos).

No hablamos de asignar identidades a la desorganización de un cuerpo, hablamos, con los filósofos Gilles Deleuze y Felix Guattari, de la fabricación de un cuerpo sin órganos en Orlan a través de sus *performances* quirúrgicas que rediseñan al sujeto y rompen la equivalencia entre imagen e identidad en su constante crítica contra los cánones de belleza. Un proceso de creación de una identidad mutante donde el cuerpo es simultáneamente cuerpo-materia prima, modelo físico apto para un proceso de "rediseño del sujeto", y un cuerpo interfaz que permite el acceso al imaginario multimedia. En definitiva un cuerpo desubjetivado que hace posible procesos de subjetivaciones nómadas.

La imagen del cuerpo y el cuerpo mismo se encuentran sometidos a los impactos ocasionados por las tecnologías de información y comunicación, viéndose de esta manera propulsados a la comprensión de las nuevas experiencias que nos sobrevienen: experiencias como la telecepción (o la percepción remota de cosas de fuera de nuestro cuerpo, o la percepción de cosas que se acercan o tocan el cuerpo de algún modo a distancia) la expansión (o el aumento del sentido de pérdida de los propios límites personales concretos), la múltiple personalidad (o la distribución de la persona por las redes, expandiendo el alcance y rango del cuerpo) o la propiocepción (o el sentido de que el propio cuerpo esta allí, la conciencia de los sucesos internos, es decir la percepción táctil tanto de las sensaciones internas de uno mismo, como los sucesos y las sensaciones del entorno inmediato o ampliado electrónicamente).

En este contexto cabe hablar del papel del cuerpo en el ciberespacio y en las prácticas de arte de los nuevos medios, en donde a pesar de la aparente descorporeización asociada a la especificidad de las computadoras, entendidas como asépticas máquinas de cálculo, y a la inmaterialidad de los datos procesados, el cuerpo obtiene un papel más que relevante. Y por ello esta relevancia, tal como nos dice Mark B. N. Hansen, manifiesta el tránsito de una concepción de una cultura centrada en la visualidad hacia una concepción de la cultura en su vertiente háptica, como una nueva fenomenología en diálogo con Henri Bergson, Walter Benjamin, Gilles Deleuze que enfatiza el papel de lo afectivo y las dimensiones táctiles de la experiencia en la constitución del espacio, y por extensión los medios visuales.

El cuerpo en entornos inmersivos, en redes telemáticas, en conexión con computadoras y aparatos robóticos que aumentan sus capacidades y expanden sus movimientos, es a su vez un cuerpo que expande los horizontes epistemológicos y las posibilidades de las experiencias cognitivas. La puesta en red de un cuerpo vivo plantea una nueva concepción de identidad ubicua, una ausencia que se hace presente, quizás una identidad nómada o una no-identidad que circula como cuerpo-sin-órganos, tal como apuntan Deleuze y Guattari. Trataríamos entonces de cuerpos atravesados por la lógica de la multiplicidad y el territorio de las diferencias.

Y este esquema nómada se nos vuelve especialmente útil en la constante negociación de identidades en el ciberespacio y su impacto en la sociedad. Porque tal como nos comenta Sherry Turkle,

> *más de veinte años después de encontrarme con las ideas de Lacan, Foucault, Deleuze y Guattari me los encuentro de nuevo en mi vida en la pantalla. Pero esta vez las abstracciones son mucho más concretas. En los mundos mediatizados por las computadoras el yo es múltiple, fluido, y constituido en interacción con las conexiones de la maquina, está hecho y transformado por el lenguaje, lo sexual es un intercambio de significantes, y el entendimiento se consigue con la navegación más que con el análisis. Y en los mundos generados por las maquinas en el MUD, me encuentro con caracteres que me ponen en nueva relación con mi propia identidad.*
> TURKLE S. *Life on the Screen. Identity in the Age of the Internet.* New York, 1995, p. 15

En el pensamiento de Deleuze y Guattari el cuerpo no es el organismo, es decir no es un cuerpo organizado conforme a una identidad adscrita, pero el organismo se constituye a partir del cuerpo tal como se constituye el organismo del soldado moderno, a fuerza de "desorganizar el organismo del campesino o del vagabundo hasta convertirlo en un cuerpo sin órganos del que extraer nuevas relaciones entre elementos materiales" (Deleuze, Guattari, 1988). A su vez el cuerpo solo es captado a partir del organismo como anomalía, monstruosidad, amenaza de muerte o enfermedad: el cuerpo desorganiza el organismo, el organismo amenaza al cuerpo. El cuerpo deviene un "campo de batalla" en el que se hace posible negociar y renegociar múltiples configuraciones de sentido en función de las relaciones establecidas entre los diferentes elementos.

Pero a lo digital se le acusa de romper la verdad de la referencia en la procesualidad de los datos, como las imágenes, que siendo estas plenamente numéricas son absolutamente modificables, variables, reproducibles y sin distinción entre original y copia para devenir flujo interrumpido de datos. De esta manera la información digital, es calculable y por ello mismo sujeta a cambios producidos por algoritmos en el proceso de los datos. Lo digital, instalado de forma inevitable encima de la enraizada concepción dualista cartesiana del cuerpo/alma, es sospechoso de marginar el papel del cuerpo y relegar al hombre a pura mente desprovista de corporeidad.

En 1965 Ivan Sutherland en su artículo "The ultimate display", ya hablaba de la potencia de los ordenadores para reformular la reglas comunes de la realidad física y especulaba con que "el último dispositivo será una habitación donde el ordenador pueda controlar la existencia de la materia". La utopía de la descorporeizacion en la realidad virtual aparece con renovada energía una y otra vez en películas como *Tron*, *El cortacésped*, o *Matrix* donde los cuerpos obsoletos son solo pilas energéticas que alimentan al programa maestro que simula la realidad con su software omnipresente.

El temor a que los desarrollos tecnológicos asociados a los ordenadores, inteligencia artificial, robótica y la nanotecnología substituyan a la humanidad a través de un proceso evolutivo que pasa de la unión ciborg-serhumano hasta la completa extinción del ser humano ha estado siempre presente entre nosotros desde los 60 con los escritos de Leroi-Gourhan. A su vez científicos como Marvin Minsky o Ray Kurzweil hacen predicciones, y este último predice que en 2040 ya habrán ordenadores con capacidades humanas de inteligencia y aprendizaje, y en 2090 ya no habrá ninguna diferencia entre un ser humano y un androide artificialmente creado por los humanos.

Esta visión posthumana se basa en la idea de la no diferencia entre existencia corporal y simulación computerizada, mecanismo cibernético u organismo biológico, teleología robótica u objetivos humanos. Y la concepción central que alimenta la ideología posthumana es que la información está descorporeizada, una concepción basada en la teoría de la información de Shannon-Weaver donde la información es independiente del contexto, sin conexión necesaria con significado, sin materialidad alguna. A partir de estos presupuestos de la teoría de la información, junto a la cibernética y los primeros desarrollos en inteligencia artificial, se articularon las bases conceptuales que dieron lugar a las ciencias de computación y que hicieron posible desarrollar los ordenadores y los programas que los hicieran funcionar.

Pero para retomar la importancia del papel del cuerpo en los nuevos medios debemos desarticular por un lado los presupuestos sobre los que se basa este posthumanismo implícito para revalorizar el papel del contexto, y por ello el cuerpo en su papel de creador, y por el otro lado remarcar el itinerario que marcan los actuales desarrollos en ciencias cognitivas en los que una nueva concepción del conocer y la vida establece una nueva relación entre cuerpo y mente, entre cuerpo y lenguaje, y por extensión entre cuerpo y máquina. De esta manera las diferentes tematizaciones del cuerpo en las prácticas artísticas contemporáneas cobran nuevo sentido.

Del arte cinético a los robots autónomos en las artes

Los inicios de las experimentaciones artísticas con robótica quizá los podríamos situar alrededor de las primeras esculturas móviles, como por ejemplo las placas de vidrio rotativas de Marcel Duchamp de 1920, o los ballets mecánicos de los móviles de Alexander Calder. También George Rickey continuó explorando el movimiento como medio creativo, tras sus primeras piezas móviles de vidrio, y apostaba firmemente por una escultura cinética pura basada en los principios de la ingeniería, principios como la oscilación, rotación, movimiento pendular, vibración. Exposiciones como *Le Mouvement* en 1955 en la galería Denise René o *Lumière en mouvement* en 1967 mostraban cómo para los creadores que exploraron el arte cinético el movimiento era el principio creativo que vinculaba arte y vida.

El artista-ingeniero Panamarenko, dando la vuelta a la utopía tecnológica de las máquinas, creaba máquinas voladoras que eran imposibles de hacer volar. Asimismo el artista suizo Jean Tinguely también juega con ironía con las máquinas y las convierte en algo lúdico y no restringido a especialistas. Genera una doble función de sus esculturas-máquina dónde su eficacia práctica queda reducida al absurdo y a la vez rinde homenaje a la fascinación por el universo mecánico. Obras como la serie

Meta-matics 1958-59 son un claro ejemplo de este mundo mecánico reconciliado con la humanidad.

Pero hasta 1960 no empezaron a aparecer los primeros robots industriales asequibles y, tal y como comenta Eduardo Kac, el uso que se hace para la creación artística viene dado, por un lado, por la fascinación popular que producen sus imaginarios, así como, dentro del contexto del arte contemporáneo, por la nueva dimensión estética del artista como generador de comportamientos, dónde el artista no sólo crea la forma sino las acciones y reacciones del robot en respuesta a los estímulos internos y externos, y a la vez como desarrollador de escenarios comunicativos interactivos en espacios físicos o telemáticos, donde el objeto percibe el espectador y el entorno.

Tras el arte cinético y las experimentaciones con arte y tecnología a través de las acciones del grupo de EAT (Experiments in Art and Technology), la máquina se reintroduce en el corazón del debate artístico y encontramos trabajos absolutamente pioneros como el de Nicolas Schöffer con su *Cybernetic CYSP1* (*Spatiodynamic Sculpture*) de 1956. En esta pieza, construida con sensores y componentes electrónicos analógicos, un conjunto de movimientos respondían a la presencia de los observadores y, de esta manera, pasando de la electromecánica a la electrónica, se establecía un puente entre el arte cinético y el arte robótico.

En 1967 Jack Burnham plenamente optimista respecto al papel que debía tomar la escultura en relación a los avances tecnológicos escribía:

> *No hay nada mas espectacular que augure a la escultura del futuro que la lenta emergencia de lo que yo llamo* ciborg art

(el arte de los organismos cibernéticos). Es sólo un paso a partir de aquí para suponer que en el futuro se evolucionará hacia una estética de la inteligencia artificial. El desarrollo lógico de la influencia de la tecnología en el arte antes de finalizar el siglo debe ser un arte que manifieste inteligencia verdadera, significativa, con capacidad de relaciones recíprocas con los seres humanos.

BURNHAM, Jack (1967). *Beyond Modern Sculpture*, p. 15

Hoy cada vez hay mas artistas que trabajan con IA, y su repercusión social y cultural va siendo mayor aunque continua siendo un interés minoritario. Como dice Burnham mas adelante en su influyente tratado *Beyond Modern Sculpture*:

La fusión contemporánea de la escultura con los autómatas es el reconocimiento que la escultura debía ser deformada, mutilada, encapsulada, y convertida en sensualmente repelente antes que pudiese ser llamada correctamente una máquina. Duchamp aparece como místico del industrialismo, y Dennis Oppenheim después le sucedió con sus esculturas pseudoindustriales e instalaciones, mientras que Jean Tinguely nos tranquilizó con sus sátiras de máquinas y Takis demostró la quieta belleza metafísica del electromagnetismo: ellos permanecen aun en los confines seguros de las máquinas tangibles, las máquinas no dejan de ser objetos materiales después de todo, y son herederos del "poder de lo tangible".

PENNY, Simon (1999). "Systems Aesthetics and CyborgArt: the legacyof Jack Burnham". *Rev Sculputure*, vol 18 núm 1, En-Feb, 99

Hoy el desarrollo de la escultura pasa también por la escultura virtual mediante imágenes sintéticas en espacios virtuales. La fusión con las tecnologías digitales ha llevado también a priorizar en sus inicios las exploraciones formales por encima de las estructuras narrativas debido a que la tecnología aquí es más una sustancia a modelar que un simple vehículo (como sucede en el cine por ejemplo), nos dice Simon Penny.

El artista brasileño Eduardo Kac sintetiza en tres las aproximaciones predominantes que los artistas han ido estableciendo en relación a la robótica: el control remoto de robots, la creación de entidades cibernéticas híbridas y el comportamiento de robots autónomos. Tres aproximaciones que se pueden ejemplificar en los primeros esbozos que dibujan Nam June Paik (1964), Tom Shannon (1966) y Edward Ihnatowicz (1969-70). Aunque también podemos encontrar otras aproximaciones como por ejemplo las metáforas sociales, *performances* destructivas o la aplicación de la robótica a la danza y el teatro, por poner algunos ejemplos.

Las primeras experimentaciones artísticas con robots las podemos encontrar por ejemplo en Nam June Paik y su *Robot K-456* (1964), donde trataba los robots como caricaturas de la humanidad, cambiando el tratamiento recibido por parte de la industria y el terror popular asociado a posiciones neoluditas. Siempre con mucho sentido del humor. En su performance de 1982, *The first Catastrophe of the Twenty-First Century*, simula el atropello de su robot por un coche, a fin de intentar sacar a la luz las cuestiones asociadas al control/descontrol humano sobre las máquinas. Paik introduce elementos de control remoto de los robots, una primera aproximación a la libre movilidad frente al público.

La fusión de las artes con la robótica ha dado paso a interesantes exploraciones que han dado como resultado robots, o instalaciones interactivas dónde tienen parte importante los componentes robóticos, así como el cruce con las telecomunicaciones, o sobre todo la informática, tecnociencia íntimamente relacionada con la robótica. Por ejemplo en el cruce con las telecomunicaciones Kenneth Golberg desarrolló el primer telerobot (1994), fusionando internet y robótica, con el *Telegarden*, un brazo robótico articulado, controlado colectivamente a través de internet, que permite cuidar un pequeño jardín haciendo las tareas de jardinero a distancia. Estas obras de telerobótica han dado paso a todo un conjunto de exploraciones alrededor de la telepresencia, o presencia a distancia, a través de robots telecontrolados, aumentando las capacidades perceptivas y cognitivas o performativas mediante el control de robots a distancia.

Edward Ihnatowitck fue uno de los auténticos pioneros en la creación de robots autónomos con propósitos artísticos, en 1969-70 creó *The Sentser*, un criatura robótica biomórfica controlada por ordenador con un comportamiento tímido pero de proporciones gigantescas. Tenía micrófonos sensitivos y detectores de movimiento, que proporcionaba datos de entrada al miniordenador Philips en tiempo real. El cuerpo del robot constaba de seis servomecanismos electrohidráulicos con seis grados de movimiento, que eran capaces de reaccionar al movimiento y los sonidos externos en un o dos segundos. El robot prestaba atención a los visitantes mas tranquilos y quietos en vez de los más agitados, que provocaban su timidez y recogimiento. Su comportamiento parecía entonces sensual e inteligente y provocaba interés en la audiencia, de esta manera esta obra es la primera que tiene lugar en el espacio físico mediante la expresión de comportamientos accionados por el procesamiento de datos basados en un software de parámetros de comportamiento.

Otros pioneros son Norman White con *Ménage* (1974) o *Helpless Robot* (1985) y James Seawright, que partiendo de sus esculturas cinéticas como *Watcher* (1965-1966) desarrolla "entornos reactivos" como *Network II* (1970) –una de las primeras instalaciones interactivas controladas por ordenador que ya exhiben patrones de comportamiento altamente sofisticados.

White crea *The Helpless Robot* en 1985, un robot que conversa con los visitantes y les pide asistencia para empujarlo, cambiando su comportamiento en función de si recibe ayuda o no. Este robot rompe la polaridad entre las relaciones entre robots y humanos con humor, pidiéndole a los humanos que ayuden a una criatura electrónica diseñada convencionalmente para ser una ayuda para los humanos.

Por otro lado Simon Penny ha explorado bastante la relación entre arte y robótica a través de agentes autónomos, es decir agentes robóticos que pueden solucionar ellos mismos sus problemas con el entorno y tener una cierta independencia. Por ejemplo con su pieza *Petit Mal* (1996), donde un doble péndulo, entendido como mecanismo impredictible, es el eje de este robot fuera de control, que es "consciente" del descontrol de su "cuerpo". *Petit Mal* quiere decir "pequeño lapso consciente" y de esta manera Penny con humor despliega lo contrario de la noción de control, a menudo asociada de forma automática a los robots. Con esto pretende crear un aparato "antioptimizado" a fin de hacer posible un máximo de personalidad del robot en sí.

La expresión "arréglalo en el software*" es emblemática para mostrar un presupuesto básico de la informática y la robótica, la separación del* hardware *y del* software *y el privilegio de lo abstracto sobre lo concreto. Rechazo esta posición. He intentado, en* Petit Mal, *crear una alternativa a esta estructura dualista. Mi aproximación ha sido que las limitaciones de las estructuras mecánicas y los sensores no son problemas a solventar sino generadores de variedad, incluso de personalidad. Creo que una gran cantidad significativa de información en el que el comportamiento del robot esta construido esta inherente al hardware no en el código.*
PENNY, Simon. (199/) *Embodied Cultural Agents: at the intersection of Art, Robotics and Cognitive Science*

Tanto de forma explícita como implícita no podemos tratar el ordenador como una máquina neutral. El ordenador o los robots están llenos de significado cultural, son emblemas de la sociedad postindustrial en sus aspectos utópicos y distópicos. Rápidamente el usuario asocia a *Petit Mal* complejas motivaciones que dan cuenta de su comportamiento, motivaciones que son proyecciones de las propias experiencias del usuario así como necesidad de hallar una explicación a su comportamiento, lo cual nos hace reflexionar sobre la necesidad de tener en cuenta las metáforas y asociaciones mentales de los usuarios o interactores a la hora de diseñar proyectos.

Biobots, nanobots y otras ilusiones

Fue en 1941 cuando el escritor de ciencia ficción Isaac Asimov utilizó por primera vez el término "robótica" para describir la tecnología de los robots y predecir el crecimiento de una poderosa industria del robot. En 1942 Isaac Asimov escribe *Runaround* una historia donde explica las tres leyes de la robótica:

1. Un robot nunca debe dañar a un humano, o través de la inacción permitir que un humano se haga daño.

2. Un robot debe obedecer las ordenes de los humanos excepto si estas ordenes entran en conflicto con la primera ley.

3. Un robot debe proteger su propia existencia mientras esta protección no entre en conflicto con la primera o la segunda ley.

Pero de hecho los misiles inteligentes actualmente ya están desobedeciendo las leyes que proponía Asimov. El miedo a las máquinas ya hace tiempo que es común en la sociedad y por ello constantemente surgen relatos que profetizan los temores, como sucede en películas actuales como por ejemplo *Matrix*, *Terminador*, *2001: Odisea en el espacio* u otros títulos.

Mientras tanto la aproximación de las máquinas a la vida es cada vez más factible, la fusión de lo mecánico con lo biológico dejará pronto de ser mera conjetura y experimentos puntuales para convertirse en algo habitual. En 1998 al dueño de un hotel escocés, Campbell Aird, le implantaron el primer brazo biónico. En noviembre de 2000 el neurobiólogo computacional Sandro Mussa-Ivaldi, de la Northwestern University Medical School de Chicago, enganchaba un cerebro de lamprea a unos sensores para poder controlar a un robot, materializando de esta manera la fusión entre lo orgánico y lo tecnológico.

Desde el contexto artístico podemos encontrar ejemplos como es el caso del *Squat*, de Tom Shannon (1966), que es considerada la primera obra interactiva creada a partir de un híbrido orgánico-inorgánico. En esta obra el potencial eléctrico del cuerpo humano actúa como accionador de un interruptor orgánico. Cuando los usuarios tocan la planta, la electricidad del cuerpo es amplificada y acciona los motores de la escultura robótica que entonces efectuaba sus movimientos. A través del contacto entre plantas y humanos *Squad* podía extender sus tres piernas y dos brazos creando movimientos ondulatorios así como sonidos chispeantes hasta que el usuario volvía a tocar la planta

También, en un intento de hibridizar formas naturales y mecánicas, James Seawrigth desarrolla *House Plants* (1984), que consiste en dos flores robóticas controladas por ordenador que responden al comportamiento del entorno, como si se tratara de una ciberbotánica ya explorada antes en *Electronic Garden #2* (1983), donde las plantas responden a parámetros externos tales como temperatura, humedad y al control del público, que accionaba diferentes comportamientos a través de botones externos.

La capacidad de recoger información del entorno es básica para el funcionamiento de los robots, que deben reaccionar a los estímulos recibidos y actuar en consecuencia. Los sensores sirven pues para recoger información del entorno. Recogen datos característicos y los transforman en señales eléctricas. Hay sensores de luz, –para sistemas de visión–, de tacto –para detectar vibraciones, impacto, calor–, de posición –para ubicarse en un entorno y enseñar movimientos–, para señales de radio –para comunicarse entre robots–, sensores de olor –para detectar olores peligrosos de gases que somos incapaces de oler– o incluso sensores de gusto. En agosto de 1998 Cynthia Breazeal del MIT comienza a trabajar en el robot Kismet, que puede imitar el abanico emocional de un bebé, y que aprende a interpretar y responder a las expresiones de los humanos.

Ken Rinaldo, como una evolución de su anterior trabajo *The Flock* (1993), crea sus colonias de sistemas emergentes en *Autopoiesis* (2000), donde quince brazos robóticos de dos metros de largo están suspendidos en el techo de una habitación. Los brazos están construidos con ramas de vid articuladas por unas junturas flexibles y unos alambres de acero. Los brazos están equipados con sensores de sonido y de luz y pueden emitir sonidos y moverse en reacción a los movimientos y sonidos de los usuarios. Los sonidos que emiten son comunicaciones privadas entre los diferentes brazos que están conectados a una red digital, de esta manera la coreografía del grupo esta modulada por el movimiento local del brazo que recibe información de los sensores en primera instancia y la articulación global que también interviene en la coreografía rearticulándose en función de los diferentes *inputs* recibidos. A su vez también hay cámaras en los extremos de algunos brazos que emiten la señal recibida en las paredes de la habitación, lo cual refuerza el sentimiento de autonomía de los brazos en tanto en cuanto vemos cómo nos ven estos desde su punto de vista. Como si nos viésemos inmersos en un bosque colgante dinámico, en una muestra de optimismo respecto la articulación de los sistemas naturales y los tecnológicos. Una integración de la tecnología en la biosfera, en el que él mismo dice que "es imperativo que los sistemas tecnológicos puedan ser modelados sobre los principios de los sistemas vivos generales, para que se puedan fusionar de manera inevitable con una tierra interdependiente y emergente" (Rinaldo, 1998).

En la pieza *Terrain* (1993) de Ulrike Gabriel, una colonia de entidades autónomas se mueven en un mundo circular. En función de las interacciones no lineales del sistema emergente se desarrolla una formación estructural compleja mediante el continuo proceso de adaptación de los individuos a las influencias externas. El patrón de movimiento "vivo" de los seres activos atrae a los observadores que realizan fantásticas interpretaciones psicológicas acerca de su comportamiento. Esta colonia de robots móviles alimentados por la energía solar, que buscan su alimento y evitan chocar unos con otros, van modificando su comportamiento en función de las ondas cerebrales de los usuarios, que controlan la intensidad y orientación de la energía solar de la habitación mediante la meditación y relajación de su actividad cerebral humana.

También podríamos llegar a pensar en otras interfaces "húmedas", que incorporen elementos biológicos que superen las limitaciones de las primeros interfaces de comunicación entre hombre y máquina. El biobot de Eduardo Kac es un ejemplo de estas tecnologías húmedas, una fusión entre robot y elementos biológicos que conforman la base de su comportamiento. En este caso, las amebas situadas en el interior del robot forman su "cerebro", que a la vez puede ser controlado por internet.

Por otro lado Yves Amy Klein crea en 1996 *Octofungi*, una construcción robótica con ocho piernas dispuestas en radial, de unos 30 centímetros de alto, como si se tratase de una especie de seta o pulpo hecho de poliuretano. Consta de múltiples sensores de luz conectados a su "cerebro" como si se tratase de una red neuronal, así también tiene unos alambres con memoria de forma, y otros que ejercen de musculatura. Todo ello reacciona a los estímulos externos, modificando su comportamiento en función del grado de relax o de tensión que existe en el ambiente que lo envuelve. Los futuros desarrollos de las redes neuronales que estructuran su "cerebro" van en la dirección de desarrollar capacidades que permitan reconocer secuencias de movimientos así como responder a esas secuencias. El mismo software puede generar nuevas redes neuronales usando algoritmos genéticos, para luego seleccionarlos en función del comportamiento del Octofungi. También incluye simulaciones de flujos hormonales a través del tiempo con la intención de generar una sensación de cambio emocional, afectando a las respuestas del cerebro. De esta manera Klein fusiona el software emocional con una aproximación escultórica a los cuerpos *hardware* de sus creaciones, integrando las dos partes de forma clara como si se tratase de una unidad orgánica.

Pero si por un lado numerosos artistas-ingenieros han trabajado en la construcción de prototipos que expresasen esta integración del robot a la vida cotidiana, también es cierto que muchos otros, a la inversa, se han preocupado por expresar ese temor a la inclusión de robots en nuestra cotidianidad. Por ejemplo, el colectivo Survival Research Labs (SRL) fue fundado en 1978 por Mark Pauline y se ha dedicado a la creación de robots y *performances* robóticas exhibiendo comportamientos extremos y destrucción como una contraposición a la investigación militar, procurando que se generen narrativas entre las maquinas, como si fueran actores. Se trata de demostrar el frágil balance entre la fascinación por las tecnologías y el miedo a éstas y a sus potencialidades destructivas. Los trabajos de SRL aparecen marcados por la violencia visceral y coreografía entrópica, culminada frecuentemente en un evento catártico en el cual los elementos escénicos muchas veces se autodestruyen. Para los propios miembros sus perfomances son auténticos actos políticos.

El filosofo Manuel Delanda dice al respecto del trabajo de SRL:

> *Lo que SRL hacen es poner las cosas lejos del equilibrio, hacia ese punto de desequilibrio y impredicibilidad. A partir de los videos que he visto de sus performances, reúno un conjunto de experiencias que tienen que ver con el hecho que tú no sabes cuando estas máquinas van a atacar a la audiencia; la pregunta que todos se hacen es: ¿estarán realmente bajo control?*
>
> DERY, Marck. "Out of Control: Trialogue between Marck Dery, Manuel de Landa and Mark Pauline". En *Wired Magazine.*

ARTE, BIOLOGÍA Y TECNOLOGÍA

En el presente capítulo establecemos una relación entre el arte y la biología principalmente a través del imaginario de la transformación humana o modificación de la naturaleza, y específicamente a través de la fascinación por la creación de monstruos o la materialización de quimeras por parte de los humanos. Hoy encontramos un creciente número de artistas que toman como medio para su creación plantas, células, genes y otros materiales biológicos, otros parten de ecoinstalaciones en el entorno o de alteraciones en el paisaje para recordarnos la importancia del medio en el que nos encontramos. De hecho los criadores de animales o plantas han sido desde tiempos ancestrales los grandes manipuladores genéticos que diseñaron nuevas razas de perros o rosas más resistentes y bonitas para poder ser vendidas de forma más fácil por su belleza. Hoy estos manipuladores genéticos cuentan con nuevos dispositivos, nuevas investigaciones y pueden alterar directamente los genes.

Mediante la desposesión de la función pragmática de las ciencias de la vida y su recontextualización en su forma estética caminamos en las fronteras entre naturaleza y arte. De la misma manera contribuimos a elaborar un discurso crítico alrededor de los avances de la ciencia y la tecnología, poniendo en juego una especie de laboratorio tecnoético del futuro aún por venir.

Interrelaciones entre arte y naturaleza

Tomar control de la naturaleza siempre ha sido una de las más lejanas aspiraciones de la humanidad, primero para cobijarse de las inclemencias de los elementos, luego para sacarle rendimiento y lograr la supervivencia. Hace ya tiempo que las ansias de control y dominio sobre la naturaleza nos ponen en peligro incluso hasta a nosotros mismos, a los seres vivos y a la misma tierra. Surgen pues cuestionamientos éticos relacionados con tales ansias de control y relacionados con la forma en que debería orientarse el uso que damos a nuestro creciente conocimiento sobre la naturaleza y a las tecnologías que creamos para su control.

El paisaje se define por sus formas, naturales y antrópicas. Está compuesto por elementos abióticos, bióticos o antrópicos que se articulan entre sí. Si nos centramos en el estudio de las formas bióticas en relación con el paisaje, y el potencial de "transgresión" subyacente, hay quien dice que la biología es la ciencia del siglo XXI, y que, si hasta ahora la ciencia que más había ejercido su influencia sobre las restantes ciencias era la física, a partir de ahora el papel predominante lo ostentará la biología, presente en todos los restantes campos de conocimiento. Quizás no se equivoquen quienes manifiestan tales convicciones, pues los espectaculares avances que este campo disciplinar ha experimentado nos hacen tomar conciencia del potencial que alberga. Un potencial que junto con la medicina y las biotecnologías nos permite llegar a manipular, modificar, retocar, transformar y hasta transgredir –si es que existe norma a la que referenciar y poder romper– a los sistemas vivos.

La transgresión en el paisaje llega a sorprendernos de tal manera que se nos vuelve extraño y desconocido, a menudo paisaje fantasmagórico, entendido como representación espacial del archivo histórico de la memoria del presente. De esta manera podemos conocer el carácter de una sociedad por sus manifestaciones en el espacio, y por consiguiente por su impacto en el paisaje. Así nuestras necesidades de comunicación hacen aparecer, por ejemplo, teléfonos móviles y por lo tanto antenas de repetición y centrales emisoras y tiendas de distribución y atención al cliente, o nuestra demanda de electricidad, postes con cables eléctricos de alta tensión atravesando el territorio. Podemos entender el "paisaje" como cualquier área que incluya tanto los rasgos naturales como los modelados por el hombre y que tienen un reflejo visual en el espacio. Entonces debemos comprender que, de hecho, prácticamente toda actividad humana tiene un reflejo en el espacio, y por lo tanto configura el paisaje.

Si la transgresión, en este paisaje del que hablamos, implica una transgresión respecto a la norma o a un valor establecido como referente, quizás un "paisaje ideal", ¿nos enfrentamos a una creciente transgresión sin retorno del paisaje? ¿O más bien, en tanto que somos animales que diferimos de nosotros mismos y en ese diferir construimos cultura, esta trasgresión a la que aludimos forma parte fundamental de nuestra forma de ser? Quizás, tal como dicen Maturana y Varela, ya no se trate de control de la naturaleza sino de diálogo y cooperación con la misma porque hemos tomado conciencia que nosotros formamos parte de esta en completa interacción.

A lo largo de la historia de la cultura podemos observar cómo siempre ha habido una preocupación por parte de los artistas por captar ese paisaje cambiante, así como de retratar la naturaleza e ilustrar los misterios de la vida, los seres vivos en toda su extensión y magnitud. Recordemos los dibujos de Leonardo da Vinci donde éste utilizó su conocimiento científico de la realidad natural para ilustrar los seres vivos y poder transmitir ese conocimiento de forma visual. O sin ir más lejos la consideración de que el arte debía ser mimético obligaba al artista a representar fielmente la realidad que nos rodea, una consideración que la modernidad fue cambiando en la medida que el arte se fue desvinculando de la necesidad de realismo con fiel precisión.

Si bien es cierto que en la cultura occidental aquello que entendemos por "paisaje" corresponde predominantemente al paisaje visual, es decir como término visual donde el paisaje es algo que debe ser visto, deberíamos decir que de hecho habitamos en paisajes de experiencias o de relaciones. El paisaje proporciona de esta manera también un recuerdo continuo de las relaciones entre las generaciones vivientes y las pasadas y los rasgos de actividad humana en el paisaje pueden representar una fuente de información detallada acerca de las relaciones de parentesco.

Los estudios etnográficos han documentado una variedad de maneras diferentes en las que se manifiesta la imbricación de los pueblos con la tierra. Por ejemplo, los Saami del norte de Escandinavia creen que los lugares sagrados que usan para los sacrificios están imbuidos por fuerzas espirituales. Estos lugares son características topográficas sobresalientes como picos montañosos, arroyos o ríos. Se presenta el paisaje como si estuviera en algún sentido involucrado en alguna clase de reciprocidad con los seres humanos.

La forma de representar el paisaje, incluso bajo la necesidad de realismo impuesta por los cánones establecidos, ha ido cambiando a lo largo de la historia. De hecho la pintura de paisajes nace en el norte de Italia y en Flandes durante el siglo XV. La palabra "*landscape*" viene del holandés y originalmente se refería a un tipo particular de representación pictórica. De esta manera la pintura paisajista representaba "una manera de ver" que existe bajo unas condiciones históricas muy específicas, en las que se le relacionaba con el surgimiento del capitalismo. Tal como comenta John Berger, de repente sucede que "un paisaje no es tanto una ventana con marco abierta al mundo como algo valioso colgado de la pared en donde lo visible ha sido depositado", y esto fue debido a que los que encargaban estas pinturas no eran campesinos, sino terratenientes, que buscaban apropiarse visualmente de la tierra de una forma específica.

Con posterioridad, durante el romanticismo hay una idealización del mundo propuesta con intención evasiva, se pintan héroes, dioses, personajes bíblicos en un entorno cargado de simbolismos. Después durante el realismo se disuelve la visión clásica y se da mucha más importancia a lo real, en una reflexión sobre las circunstancias de la vida. Poco a poco se va focalizando la atención en el paisaje, y se generan escuelas paisajísticas como la de Barbizon en 1830 que practica pintura al aire libre, o como Camille Corot, considerado el mayor paisajista del siglo XIX, que representa el tránsito al realismo. Cabe recordar la importancia que tuvo para la pintura paisajística el viaje de Humbolt por América (1799-1804), así como los desarrollos que luego se generaron en pintores como Johann Moritz Rugendas (1802-

1858), Ferdinand Bellermann (1814-1889) o Albert Berg (1825-1884).

A lo largo de la historia podemos encontrar muchos más artistas que se dedicaron a explorar esta relación entre arte y paisaje, y por extensión, entre arte y naturaleza. Pero de forma especial, ya instalados en la modernidad, deberíamos tener en cuenta los orígenes del llamado *Land art.* Entre los primeros artistas modernos que se volvieron hacia la naturaleza de los materiales para realizar sus ideas se encuentran Walter Maria, quien en 1968 apiló 45 metros cuadrados de tierra fresca en la Galería Heiner Friedrich de Munich; Mario Merz, que realizó la pieza *Island* a lo largo de los años 1975 y 1982; Joseph Beuys tuvo la idea de plantar 7.000 robles como acto artístico, y sobre todo debemos tener en cuenta la figura de Robert Smithson, con su *Spiral Jetty*, creada en Great Salt Lake, en 1970.

Estos artistas en su búsqueda hacia una amplia base de referencias existenciales en su arte, encontraron que los elementos tomados directamente de la naturaleza pueden actuar de forma que co-creen la obra artística; introdujeron una nueva dimensión al proceso de creación (acentuando los aspectos mentales e intelectuales y desenfatizando la virtuosidad manual). Pertenecen a una categoría de arte pre-ecológico vinculada al *Arte povera* y al *Land art*, prácticas que prepararon el terreno a las ecoinstalaciones de mediados de 1980, como las de artistas como Britt Smelvaer (Dinamarca), Nils-Udo (Alemania), Kimio Tsuchiya (Japón) o como Andy Goldsworthy (Reino Unido), Bob Verschueren (Bélgica), Ilona Lovas (Hungría), Miroslaw Maszlanko (Polonia) o Edward Lazikowski (Polonia).

Sus instalaciones se describen como instalaciones en un espacio, construcciones o simples objetos, y en ellas predominan las estructuras orgánicas vegetales. Moviéndonos a través de sus espacios nos sentimos en conjunción tanto con los objetos como con el entorno, percibiendo su fragilidad y a la vez su trascendencia, su humildad ante la cual nos volvemos introspectivos. Se trata de instalaciones que evolucionan, que cambian de colores, de textura, estructura, forma según el paisaje siguiendo el devenir de las fuerzas naturales hasta desvanecerse como los organismos vivos, dependiendo del contexto externo que los acoge. Por ejemplo Goldsworthy escoge lugares en los que podamos percibir la naturaleza sola: "Lo que es importante para mí es que en el corazón de cualquier cosa que haga haya un entendimiento creciente y una afilada percepción del paisaje y de la tierra".

Por otro lado, ciencias como la geología procuran por el conocimiento sobre la tierra, la geografía sobre el territorio y el paisaje, la biología sobre la vida y los seres vivos y sus manifestaciones, la arquitectura sobre las construcciones en el espacio y la ecología sobre la relación de los distintos organismos entre sí y con el medio ambiente en el que viven. Estas son algunas de las tecnociencias que inciden en nuestra manera de ver y de vivir en el mundo así como también alimentan nuestro imaginario colectivo que construye y deconstruye el paisaje que habitamos. Tecnociencias que a la vez que nos confieren conocimiento, también nos posibilitan la intervención sobre y modificación de nuestro entorno.

Respecto al estudio de las formas abióticas o las antrópicas –las construidas por el hombre– también encontramos "transgresiones" en el paisaje que dan cuenta de la construcción de estos nuevos paisajes que envuelven nuestra existencia en tanto en cuanto los podemos hacer visibles. Varios artistas se han inspirado por los desarrollos provenientes de la geología y la geografía y se han apropiado y reformulado nuevos usos de tecnologías como la realidad virtual y realidad aumentada, o el *global positioning system* (GPS), así como de todo el conjunto de disciplinas englobadas bajo el paraguas de la geomática: geodésia y navegación, fotogrametría y topografía, cartografía y sistemas de información geográfica (SIG).

Por ejemplo Masaki Fujihata en *Field Work* utiliza el GPS para establecer una conexión entre un entorno real y su topografía y las percepciones espaciales subjetivas dispuestas en forma de imágenes de video en un archivo. De esta forma se genera un espacio informacional hiperreal en forma de proyección estereoscópica que provee al usuario de una perspectiva tridimensional en la que moverse y rememorar esas percepciones subjetivas acumuladas en el espacio.

Biología, política, arte y cultura

La vinculación entre arte y biología va explorándose en la medida en que artistas y científicos trabajan juntos a diferentes niveles, como por ejemplo a nivel microscópico y genético, o a nivel macroscópico a través de las plantas y el comportamiento animal, o a nivel ecológico, en la interacción de sistemas. Por ejemplo, George Gessert modifica genéticamente flores y se define a sí mismo como un "facilitador de procesos evolutivos" en base a criterios estéticos, de la misma manera Marta de

Menezes modifica las crisálidas dando como resultado unas mariposas con alas muy peculiares, Christa Sommerer y Laurent Mignnoneau exploran las posibilidades de la obra de arte como sistema vivo, o Karl Sims estudia los algoritmos generativos en sus plantas digitales llenas de vida artificial.

Para contextualizar este tipo de prácticas deberíamos ante todo ubicarnos en el entramado de ciencias y tecnologías que se vinculan a este campo. Primeramente deberíamos definir la biología como la ciencia natural que estudia la vida y los seres vivos y todas sus manifestaciones, y según el objetivo de su estudio se divide en botánica, si se refiere únicamente a los vegetales, en zoología si se refiere a los animales.

Con la llegada de las tecnologías de información y comunicación, y en especial la informática, se ha acrecentado exponencialmente la generación de nuevos conocimientos en todos los ámbitos disciplinares. La potencia de cálculo de los ordenadores ha permitido desarrollar nuevos conocimientos y ha acelerado la industria tecnocientífica dando lugar a nuevas tecnologías que hacen posibles nuevos descubrimientos científicos que generan nuevas tecnologías, como si se tratara de un bucle, retroalimentándose constantemente.

Colectivos artísticos como *Critical Art Ensemble* ya han trabajado ampliamente alrededor del enorme poder acumulado en las industrias asociadas a las biotecnologías, un genuino biopoder que desentrañaron en sus libros y acciones como en el *El culto de la nueva Eva* y su proyecto *Bio-com*. En *Flesh Frontiers* nos explican los mitos sobre la genética utilizada para mercadear con tecnologías reproductivas. Para ello generan una compañía falsa de tratamientos genéticos (*Bio-com*) que viene a generar un subtexto crítico produciendo una aproximación bastante más escéptica sobre las visiones utópicas adheridas al imaginario de las biotecnologías.

Automáticamente nos vienen a la memoria los planes eugénicos de la Alemania nazi inspirándose en las ideas del británico Sir Francis Galton, la limpieza étnica en busca de la raza pura exenta de cualquier elemento que pueda considerase como defecto respecto al ideal de pureza diseñado. Incluso en nuestro imaginario también aparece la clonación como ideal de reproducción de los mejores especímenes, otra forma de limpieza y selección. Y este ideario continúa presente de forma implícita en las bases de datos de perfiles genéticos de personas creativas, aunque la palabra "eugenesia" haya desaparecido de todas partes como consecuencia de las atrocidades nazis que llevaron al límite la misma idea en su búsqueda de la pura estética aria.

Si la clonación ha hecho posible fotocopiar a seres vivos también ha alimentado la confusión, por otra parte ya presente gracias al fenómeno digital, entre original y copia o entre individualismo y autenticidad. La artista Natalie Jeremijenko trabaja con las técnicas de clonación en *OneTree*, cien clones de un solo árbol que se extienden en diferentes ámbitos culturales, plantándose en diferentes zonas con diferentes climas. De esta manera los árboles clonados, genéticamente idénticos, permitirán tomar conciencia de las diferencias sociales y ambientales a las que están expuestos a través del tiempo. Los árboles serán como un instrumento en red para medir la historia ambiental de cada zona, pues se pueden comparar entre sí y evaluar las diferencias.

Otros llegaron a causar un gran revuelo como Eduardo Kac y Alba, el conejo fosforescente que creó cruzándolo con el gen GPF (*green fluosforescent protein*) de las medusas. Hablamos de arte transgénico, un ser vivo que, tal como comenta Kac, nace para convivir en el seno de su familia, el hogar de Kac el creador, y completar su ciclo. De esta manera Kac convertía la ingeniería genética en algo doméstico y cotidiano, presente en nuestras vidas en forma de "mascota". Por ello pretendía instalarse en el salón de Grenier à Sel en Avignon (Francia) primero para luego trasladarse a su hogar real, con su familia en Chicago. Alba nació en el Institut national de la Recherche Agronomique, el laboratorio de investigación donde trabajaban los biólogos con los que colaboraba Kac (Louis Bec, Louis Marie Houdebine y Patrick Prunet). Pero el Instituto confiscó a Alba debido a las polémicas suscitadas en la prensa que se cuestionaba si era arte o si era simplemente una aberración producto de la mente de un perturbado. Hoy Alba está en su hogar pero el debate y la polémica sigue viva pues cada vez hay más artistas que trabajan con materiales y conceptos de la biología como Joe Davis, David Kremmer, Oron Catts, Ionat Zurr, Brandon Ballengeé, Andrea Zittel, Laurie Stein, Natalie Jeremijenko o Nicola Toffolini, construyendo paisajes híbridos en los que transitar expectantes.

> *Al focalizar su atención en el cambio social que a menudo nos coge desprevenidos, el proyecto de Kac, como todo arte que cuestiona el* status quo, *atrae atención sobre sí mismo. Alba no fue creada para la investigación en cáncer o cualquier otra investigación médica, por ello era un "sinsentido" y visto como "decadente", decadente como ornamental. Y en el lugar*

de la discusión originada a raíz de este arte decadente a menudo hay las razones de las compañías multinacionales, el laboratorio científico, el especialista. La visión habitual del especialista es que no hay temas éticos por en medio porque no está haciendo daño a nadie, los especialistas rehuyen mirar mas allá de las preocupaciones inmediatas de los laboratorios de investigación y la financiación para la investigación. La exclusión de las audiencias populares en estas discusiones deja un vacío que es rellenado por las preocupaciones del comercio que deben focalizarse en las ganancias a corto plazo".

TOMASULA, Steve. (2002) "Genetic Art and the Aesthetics of Biology". En *Leonardo Journal.* Vol. 35 núm. 2, p. 137.

Eduardo Kac creó la instalación *Génesis* en 1999 en donde al entrar en el espacio expositivo podemos ver una bacteria en una placa de petri en la que el artista ha incluido en el ADN frases del libro *Génesis* de la *Biblia.* Kac creó un gen sintético traduciendo una frase a código morse y después convirtió el código morse en parejas básicas de ADN, de acuerdo con un principio de conversión desarrollado por el artista para este trabajo. La significancia de Kac no está en la creación del objeto artístico, sino en que su significado se desarrolla en la medida en que los visitantes participan en la situación social que él ha orquestado. Los visitantes en la instalación o a través de internet pueden emitir rayos de luz ultravioleta sobre los discos de petri que entonces se vuelven brillantes identificando con un brillo cian a los discos con bacterias que llevan en su interior el mensaje del Génesis. De esta manera los usuarios, a través de los rayos, influyen en el desarrollo del tempo de mutación natural de la bacteria transformando el cuerpo y el mensaje codificado en su interior. Tal como muestra Kac al final de la exposición:

Let aan have dominion over
The fish of the sea and over
The fowl of the air and over
Eery living thing that ioves ua
Eon the earth.

Let man have dominion over
The fish of the sea and over
The fowl of the air and over
Every living thing that moves
Upon the earth.

El hecho de escoger esta frase implica una aproximación a la voluntad de supremacía del hombre sobre la naturaleza, voluntad sancionada por la divinidad. La posibilidad de cambiar la frase nos hace pensar en todo un gesto simbólico que significa que no aceptamos su significado en la forma en que la heredamos y que nuevos significados emergerán en la medida que buscamos cambiarlos.

Pero de hecho esta técnica utilizada por Kac para insertar la bacteria E.Coli con ADN artificial desde 1970 que esta siendo usada en los laboratorios, tal como desde hacia cinco años llevaba haciéndose en el caso los mamíferos fosforescentes como los ratones, y se estaba explorando hacer lo mismo en el caso de los primates. Lo cierto es que la clonación de la oveja Dolly significó un importante cambio en la perspectiva del mundo, tal como en su día supusieron las primeras imágenes fotográficas de la tierra, y por ello solo debemos intentar tomar conciencia de lo que ello supone.

Hoy en día los adelantos en inteligencia artificial y vida artificial empujan los límites del arte hacia la biotecnología, que pasa a ser fuente de inspiración de muchos creadores, cosa que origina todo un debate en torno a la tecnoética.

Pero, de hecho, ¿qué significa alterar los procesos naturales de millones de años de evolución de la vida? ¿Cómo podemos asimilar el traer a nuestro mundo un conejo que brilla en la oscuridad? Como dice y hace George Gessert en sus creaciones, hoy metafóricamente podemos hablar de dar la vuelta a la teoría de la evolución de Darwin y proceder a la selección de las especies únicamente siguiendo criterios estéticos: escoger la flor que nos parezca más bonita.

Ya en 1934 Edward Steichen expuso en el MOMA de Nueva York sus *delphiniums* modificados genéticamente sirviéndose de una droga, *colchicine*, y así mediante la utilización de materiales vivos fue posible "generar su propia poesía" tal como él mismo decía. Pero es que los criadores de animales o plantas han sido desde tiempos ancestrales los grandes manipuladores genéticos que diseñaron nuevas razas de perros o rosas más resistentes y bonitas para poder ser vendidas de forma más fácil por su belleza. Hoy estos manipuladores genéticos cuentan con nuevos dispositivos, nuevas investigaciones y nuevo capital y pueden alterar directamente los genes y generar por ejemplo ranas sin cabeza en clara preconización de donantes de órganos humanos sin cabeza. Los cuestionamientos éticos afloran otra vez con renovada energía, tal como comenta Jeremy Rifkin en su libro *El siglo de la biotecnología* (1998).

En algunos casos hasta podríamos llegar a decir que el papel del arte y el artista corre el peligro de servir para legitimar socialmente o contribuir a la difusión acrítica y la normalización de prácticas tecnocientíficas que socialmente se pueden llegar a percibir como éticamente reprobables. En estos casos las prácticas artísticas solo devienen un breve comentario a pie de página o incluso la versión demo de las nuevas posibilidades aún por venir que nos acechan.

'Biomedia': biotecnología y bioinformática aplicada

Podríamos decir, para ubicarnos, que la biotecnología es la rama de la biología que estudia posibles aplicaciones prácticas de las propiedades de los seres vivos y de las nuevas tecnologías, como la ingeniería genética, en campos como la industria, la medicina, la agricultura o ganadería entre otros campos. Ha conducido a finalizar el proyecto Genoma Humano, implantación de terapias génicas, a la clonación y manipulación de embriones, a la creación de alimentos transgénicos o a la implantación de xenotransplantes.

Hoy la potencia de cálculo, de generación de modelos y de simulación en los ordenadores y la informática, ha permitido desarrollar nuevos conocimientos y ha acelerado la industria tecnocientífica dando lugar a nuevas tecnologías y nuevos descubrimientos científicos. La conclusión del proyecto Genoma Humano, las terapias génicas, la clonación y manipulación de embriones, o los tan comentados alimentos transgénicos, son algunos de los resultados de las potencialidades de las biotecnologías en diferentes campos de la sociedad.

Es cierto que en el sentir popular las biotecnologías son percibidas como "malas" porque, por un lado, transgreden las fronteras sagradas entre el mundo natural y el mundo artificial, entre la biología y la tecnología, entre la creación divina y el artefacto industrial. Y por otro lado porque podríamos llegar a pensar que su desarrollo se halla principalmente motivado por cuestiones económicas, es decir que se basa en la fórmula "encuentra un gen, haz una pastilla, y véndela". Pero tal como comenta el teórico y artista Eugene Thacker la cuestión que debemos tener en consideración a la hora de dar cuenta de estos dos argumentos en contra de las biotecnologías es: ¿Necesariamente una razón depende de la otra? ¿Necesariamente van las dos juntas? ¿Podemos adoptar una posición político-económica crítica sin tener que adoptar la primera razón moralizante? Estas cuestiones son realmente importantes porque acostumbra a pasar que, en el discurso público sobre biotecnologías, a la crítica política se le incorpora como quien no quiere un apósito de conservadurismo moral que lleva implícito muchos otras ideas que deberían ser explicitadas. La biotecnología se convierte de hecho en un discurso en el que lo que es legítimamente reconocido como "vida" es reformulado junto a los paradigmas emergentes científicos, culturales y políticos tanto a nivel local como a nivel global (Thacker, 2003).

Pero debemos ser conscientes del hecho que criticar a las biotecnologías como un todo es relativamente fácil, y hoy más bien lo difícil es saber lo que defendemos sin darnos cuenta con nuestras críticas. El discurso crítico sobre las biotecnologías a menudo esconde argumentos de diferente índole, por ello las preguntas que debemos hacernos son: ¿a quién protegemos cuando condenamos la biotecnología como un todo? ¿Se trataría de defender un estado de la naturaleza mítico o pretecnológico en el que reinase una especie de "pureza genética"? ¿Se trataría de nuestro remanente respecto a nuestra fe en la singularidad de "lo humano"? ¿O de creencias religiosas de diferentes tipos? ¿Quizá una visión idealizada de la vida?

Para el colectivo artístico y activista Critical Art Ensemble la biotecnología forma parte principalmente de una industria, y como tal funciona como una "máquina de carne" generando nuevos productos y servicios, y por lo tanto creando nuevos nichos de mercado, en el proceso de transformar la comprensión pública sobre lo que es la naturaleza, el cuerpo y la salud (CAE, 2000). En este sentido hay un fuerte movimiento ecologista reivindicando un mayor control sobre el uso de transgénicos en el campo de la agricultura u otros ámbitos, en tanto en cuanto alteran de forma irreversible la naturaleza generando una dependencia de los transgénicos y trastocando los sistemas enteros de cultivo por ejemplo. Esta percepción básicamente industrial, economicista y desprovista de cálculos de sostenibilidad asociados nos es conferida mediante los titulares de noticias sobre el proyecto genoma, las células madre y sus debates o las últimas quimeras genéticas.

Lo cierto es que las biotecnologías generan muchas injusticias a raíz de los modos de proceder de la industria biotecnológica, las cuales generan innumerables problemáticas en relación a los derechos humanos, la protección del medio ambiente, el bioterrorismo, o incluso en relación a negociaciones entre culturas para lograr la sostenibilidad. En estos casos es cuando aparece la responsabilidad de las agencias gubernamentales y las corporaciones farmacéuticas que deben tomar partido. Pero aunque podamos culpar fácilmente a las corporaciones por su falta de responsabilidad social *versus* su voluntad de maximización del beneficio económico, de hecho, el problema no es solo económico. Si pudiéramos separar el apartado económico de la investigación biocientífica aún nos quedaríamos con muchas cuestiones epistemológicas y ontológicas de hondo calado que se hallan inscritas en la omnipresente aversión a tales tecnologías.

Para ello debe quedar claro que se hace necesario diferenciar cuidadosamente los diferentes puntos para la discusión pues no se puede ser reduccionista y juntar a Greg Ventor (el director de la empresa Celera, que pretende privatizar el código genético humano) con los artistas Eduardo Kac o el colectivo Critical Art Ensemble. Todas ellas son figuras muy diferentes, con objetivos muy diferentes, y aproximaciones radicalmente diferentes entre sí, y por ello aunque debe ser tentador demonizar a la industria biotecnológica como un bloque, debemos prestar atención a la forma en que la biotecnología se está volviendo más y más diversificada. Por ejemplo en el caso de la genómica, no se trata solo de "el" proyecto de genoma humano, sino que, al contrario, hay muchos, en plural. Cada uno de ellos son subindustrias y subdisciplinas en sí mismas y cuanto más se aprende sobre la especialización rápida de la biotecnología, más difícil es decir que "la" industria biotecnológica como un todo hace esto o aquello. De nuevo la cuestión no es si "esto es malo" o "esto es bueno", sino que la cuestión es que aún no hemos aprendido a preguntar las preguntas adecuadas para el contexto en el que nos hallamos.

De la misma manera podríamos decir lo mismo sobre las colaboraciones que se llevan a cabo entre el ámbito del arte y el de la ciencia pues los diferentes artistas que se enmarcan bajo el término de bioarte no son en absoluto homogéneos en cuanto a sus objetivos. Las motivaciones son muy diferentes en cada caso, los métodos de aproximación son también totalmente diferentes y van desde la realización de *performances*, esculturas, robótica, ingeniería de tejidos o prácticas activistas por ejemplo. No todos los proyectos de bioarte son problemáticos en si pero cuanto mas aprendemos sobre las intersecciones entre el arte y la ciencia y tecnología más ridículo parece el establecer una equivalencia directa entre el bioarte y las industrias emprendedoras de la biotecnología.

Por ello, tal como comenta Eugene Thacker, frente a la confusión producida por el bioarte y las biotecnologías deberíamos no reducir la problemática, no optar por el reduccionismo por un lado, y por el otro ser conscientes que cuando las nociones de tecnología no están muy lejos de la biología entonces damos luz a los *biomedia*. Finalmente, sobre todo debemos vigilar cuando el activismo político asociado a las biotecnologías se convierte en conservadurismo moral, involucionismo o reduccionismo de las problemáticas asociándose a concepciones idealistas de la vida inscrita en discursos morales implícitos, que deberían ser explicitados.

Tal como comenta Thacker, *biomedia* hace referencia a la forma en que se hibrida la informática con los procesos y componentes biológicos. De esta manera por un lado entendemos lo biológico como aquello que incorpora procesos biológicos que ocurren "de forma natural". Por el otro lado nos referimos a la forma en que podemos entender la biología como una tecnología en tanto en cuanto que somos capaces de manipular lo vivo, a través de la lente de la informática, la información y las tecnologías de información, consiguiendo una combinación entre lo inmaterial y lo material.

En el caso de *The Tissue Culture and Art Project* los integrantes del proyecto tienen como objetivo la manipulación artística de materiales vivos usando instrumentos de la investigación moderna biológica en orden de plantear preguntas sobre la utilización de estos nuevos instrumentos. Tal como dicen Oron Catts (cofundador de Symbiotica, el laboratorio donde tienen lugar este proyecto) e Ionat Zurr:

> *Nuestro trabajo tiene que ver con otro nivel del sistema biológico –el de la célula y las comunidades de células: los tejidos. La interacción con la naturaleza que nosotros ofrecemos es la manipulación y la dirección del crecimiento y la formación de tejidos en tres dimensiones en andamiajes que nosotros proveemos. Nuestro trabajo está conceptualmente próximo a la cibernética, los híbridos entre máquina y naturaleza y el efecto de las tecnologías en los sistemas biológicos complejos, más que a la biología molecular –y sus prácticas artísticas– a pesar de que a menudo utilicemos células modificadas genéticamente y utilicemos otros aspectos de la biología molecular. Nosotros exploramos la formación de una nueva clase de objetos/seres, a los que nos referimos como los objetos "semivivos.*
>
> CATTS, Oron; ZURR, Ionat (2002) "Growing Semi-Living Sculptures: The Tissue Culture & Art Project". En *Leonardo*, Vol. 35, No. 4, p. 365-370.

Y tal como comentan ellos mismos acerca del laboratorio en donde trabajan:

> *Symbiotica es un laboratorio de investigación dedicado a la exploración artística y al conocimiento científico en general, y a las tecnologías biológicas en particular. Está localizado en The School of Anatomy and Human Biology de la University of Western Australia. En este se permite a los artistas trabajar dentro del Departamento de ciencias biológicas. Los desarrollos en el campo de las biotecnologías tienen un profundo efecto en la sociedad, en sus valores, sistemas de creencias y tratamiento de los individuos y los grupos y su entorno. La interacción entre arte, ciencia, industria y sociedad es reconocida como un camino esencial para la innovación y la invención, y como una manera de explorar nuevos terrenos, visionar y criticar posibles futuros.*
>
> *La ciencia y el arte intentan explicar el mundo alrededor nuestro de maneras que son profundamente diferentes pero que son complementarias unas con las otras. De esta manera los artistas pueden actuar como importantes catalizadores para procesos y resultados creativos e innovadores. Pueden a su vez examinar críticamente varias asunciones y a veces los autoengaños, construidos en el "método científico". Hay una necesidad de artistas y otros no-científicos que puedan participar activamente en la investigación de futuros posibles, futuribles que surgen de la aplicación de conocimiento adquirido en la actualidad. Si bien es cierto que los artistas sin formación científica pueden tener pocos conocimientos para poder llegar a discernir la veracidad de un trabajo científico, también es cierto que esos mismos artistas ajenos al contexto científico, trabajando en un contexto diferente, pueden llegar a aportar comprensión y entendimiento a los deba-*

tes sobre los mecanismos, la filosofía y la ética detrás del trabajo científico. Esto sólo puede ser posible si los mismos artistas participan activamente en la ciencia y en el debate de manera que tengan suficiente conocimiento del proceso, y trabajen para significarse en ello.
Extraído de la website de Symbiotica: www.symbiotica.uwa.edu.au

Las manipulaciones sobre la totalidad del organismo han sido tradicionalmente hechas como parte de las prácticas de cría selectiva. Las intervenciones sobre los sistemas vivos hoy son perfeccionadas como parte de la biología molecular, que permite un control preciso y más rápido sobre la manipulación así como permitir la fusión entre especies. Los artistas trabajando con genética consideran el código genético de una manera similar al código digital, la manipulación de la vida es la manipulación del código, pero con consecuencias físicas reales que pueden aparecer en el fenotipo del organismo manipulado.

Desde nuestro punto de vista las manipulaciones a nivel de los tejidos plantean las más intrigantes cuestiones epistemológicas y éticas, ya que no hay un discurso existente que tenga que ver con las crecientes partes semivivas de un organismo independiente, y complica las nociones de lo que entendemos por vida, el yo y la identidad.
CATTS, Oron; ZURR, Ionat (2003). "Are the Semi-Living semi-good or semi-evil?" En *Technoetics Journal*, vol 1, (núm 1), p. 47-60

The Semi living sculptures explora la organización de comunidades de células, los tejidos como una paleta para manipulación. A partir de la naturaleza colaborativa de estas células hacen crecer tejidos separados del cuerpo y los obligan a crecer en formas predeterminadas a través del uso de andamiajes. De esta manera se usa su función diferenciada para propósitos otros de los que fueron inventados, exponiendo de esta manera y cuestionando las creencias largamente sostenidas así como los supuestos sobre la naturaleza de las cosas. El procedimiento consta de la recopilación de células a partir de una biopsia de un animal vivo o disección de un animal que se acaba de morir, luego las células se aíslan a través de medios mecánicos y químicos, luego las ponen encima de un andamio o estructura y las cultivan con técnicas dinámicas y estáticas en un entorno estéril.

De esta manera han podido hacer crecer y cultivar tejidos de piel de conejos, ratas y ratones, tejidos conectivos de ratones, ratas y cerdos, tejido muscular de ratas, ovejas y peces, tejidos óseos y cartilaginosos de cerdos, ratas y ovejas y tejidos nerviosos, neuronas de peces Goldfish. Los andamios o estructuras tridimensionales que utilizan en sus esculturas son substratos biocompatibles tales como hidrogeles, vidrio, polímeros biodegradables e hilo quirúrgico.

La combinación de los tejidos y las estructuras se hicieron crecer y mantener vivas en bioreactores, unas máquinas usadas para crecer y mantener vivas células y tejidos fuera de su entorno natural. Esta tarea se consigue emulando las condiciones en las que vivían los cuerpos de donde se sacaron las células y los tejidos. Para ello el bioreactor debe alimentar con nutrientes y otros agentes biológicos, deshacerse de los sobrantes y el mantenimiento de la homeostasis (incluyendo la temperatura, los niveles de pH, niveles de gas disuelto) mientras se mantiene el contenido del bioreactor estéril (libre de contaminación microbial ya que los tejidos no tienen sistema inmunodefensivo) y a la vez se procura que los tejidos se enganchen a las estructuras mediante una cierta intervención sobre los mismos (aunque no se puede controlar del todo el crecimiento).

Su primera escultura semiviviente fue la *Semi-Living Doll*, que se presentó en el festival Ars Electronica en el año 2000. Se trataba de dar vida a los muñequitos Guatemaltecos quitapenas, o como los llaman ellos: *worry dolls*. Dieron vida a siete muñecas y le dieron nombre de sus preocupaciones: *Absolute truths, Biotechnology, Capitalism* and *Corporativism, Demagogy, Eugenics, Fear, Genes, Hope* (siguiendo el abecedario). La instalación provocó una enorme curiosidad sobre todo el proceso, los objetos en sí y las implicaciones para el futuro, pero sobre todo la percepción de la frontera entre lo vivo y lo inanimado. En su website se puede ver un archivo de preocupaciones con las que susurrar a los muñequitos (muchas relacionadas con su propio trabajo, la ética de las biotecnologías y la vida en una era de conflictos).

Después continuaron con las *Pig Wings* en 2000-2001, la creación artificial de un escultura semiviva que representaba unas alas de cerdo ficticias, haciendo referencia a la frase popular que expresa la imposibilidad de conseguir una cosa: "*if pigs could fly*" (si los cerdos volaran). Frente a la imposibilidad de exhibir en público sus esculturas semi-vivas, es decir fuera del bioreactor, decidieron traer el bioreactor al publico reproduciendo el contexto del laboratorio en el que se crearon, para así poder llevar a cabo las tareas de mantenimiento necesarias. En sus instalaciones se muestra por ello el *The fee-*

ding ritual, el ritual de la alimentación, en el que podemos ver a los artistas dando de comer a sus esculturas, con todo el impacto emocional e intelectual que ello supone al incorporar la performatividad y la intencionalidad teatral a la instalación. Se procede entonces al cambio de la solución nutriente. Al finalizar la instalación se procede al *The Killing Ritual* en el que se mata la escultura sacándola de su entorno estéril.

En su siguiente proyecto *MEART*, *Fish and Chips* o *The Semi-living Artist* hicieron crecer tejidos neuronales para poder ir extrayendo información a partir de estos. Recogen la actividad eléctrica del tejido neuronal y lo transfieren a un programa de ordenador que maneja un brazo robótico y una partitura musical manipulada. Como dicen ellos "epistemológicamente, la idea de una futura comunicación intelectual con la tejidos neuronales, que han crecido separados del cuerpo, da lugar a muchas inspiraciones para un mejor entendimiento de los diferentes niveles de la vida"

Su último proyecto *The Disembodied Cuisine* o *Living and Semi-living systems as food* explora otras maneras de interactuar con los sistemas vivos, como por ejemplo consumirlos como comida. De esta manera se pueden generar partes de un animal para luego ser comidas sin necesidad que el animal sea matado y continúe vivo. (La Nasa actualmente desarrolla proyectos en esta dirección para utilizar en viajes espaciales).

La distinción entre lo que se puede comer y lo que no, tal como comenta Claude Levi-Straus, se encuentra en un margen borroso que se configura socialmente y que va evolucionando según los tiempos, pero que causa mucha consternación cuando se juega con los límites, como por ejemplo comer perros en la cultura occidental, comer conejo en cultura oriental, comer insectos en la cultura occidental. En *Disembodied cuisine* los bistecs de carne se hacen crecer sin tener que sacrificar al animal, pero los bistecs se convierten entonces en una entidad semiviva sujeta a la explotación para nuestro consumo.

El problema surgió cuando uno de los estudiantes de Symbiotica, Poppy Van Oorde Grainger planteó al grupo sus experiencias vegetarianas y la superación de su aversión a la carne gracias a los experimentos del grupo y al comprobar que no se producía daño alguno y no había victimas. Entonces, yendo mas allá incluso sugirió la posibilidad de que para evitar una biopsia que pudiera perjudicar a otro animal se le ejecutase la biopsia a él mismo. De esta manera se podrían hacer crecer bistecs de la propia carne del estudiante Poppy. Como dicen ellos:

> *Las preguntas que levantamos no son acerca de si se trata de una práctica contranatura (ya estamos bastante lejos de la naturaleza). Los humanos hemos practicado canibalismo antes, entonces no se trata de si es moral (se cuenta con el total consentimiento del adulto) sino de las razones de seguridad biológica y más cosas, de esta manera inevitable la retórica será utilizada por nuestra sociedad para habérselas con semejante concepto.*

La interacción con entidades semivivas difuminará el concepto del cuerpo como una entidad que está separada de nuestro entorno. Tal como lo define Lynn Margulis, "un cuerpo es una comunidad de células, y mas allá, la biosfera es una entidad interdependiente" (Margulis, 1995). Los objetos semivivientes son un ejemplo tangible de este concepto: podemos ver partes de nuestro cuerpo creciendo como parte de nuestro entorno y nos hace falta un entendimiento cultural para habérnoslas con este nuevo conocimiento y control sobre la naturaleza.

BIBLIOGRAFIA

- **Ascott, Roy** (2003) *Telematic Embrace. Visionary Theories of Art, Technology and Consciousness.* California: University of California Press.

- **Brea, José Luís** (2007). *Cultura_RAM. Mutaciones de la cultura en la era de su distribución electrónica.* Barcelona: Gedisa.

- **Casacuberta, David** (2003). *Creación Colectiva.* Barcelona: Gedisa.

- **Cilleruelo, Lourdes** (2001). *Arte de internet. Génesis y definición de un nuevo soporte artístico (1995-2000).* Bilbao: UPV.

- **Druckrey, Timothy** (ed.) (2001). *Ars Electronica: Facing the Future: A Survey of Two Decades* (Electronic Culture: History, Theory and Practice). Cambridge: MIT Press.

- **Giannetti, Claudia** (2002). *Estética Digital.* Barcelona: l'Angelot.

- **Grau, Oliver** (2003). *Virtual Art: From Illusion to Immersion.* Cambridge: MIT Press.

- **Kerckhove, D.** (1999). *Inteligencias en conexión.* Barcelona: Gedisa.

- **Latour, Bruno** (2005) *Reassembling the Social.* New York: Oxford University Press.
- **Lovink, Geert** (2003). *Dark Fiber: Tracking Critical Internet Cultura.* Cambridge: MIT Press.
- **Manovich, Lev** (2001). *The Language of New Media.* Cambridge: MIT Press.
- **Minsky, Marvin** (ed) (1985) *Robotics.* NY, Anchor Press Doubleday (an Ommni Press Book).
- **Paul, Christiane** (2003). *Digital Art.* Thames & Hudson: Nueva York.
- **Sommerer, Christa; Mignonneau, Laurent** (1998). *Art @ Science.* Wien: Springer.
- **Turkle, S.** (1995). *Life on the Screen. Identity in the Age of the Internet,* New York.
- **Wilson, Stephen** (2001). *Information Arts: Intersections of Art, Science, and Technology.* Cambridge: MIT Press.

Made in the USA
Monee, IL
08 November 2026

67383070R00090